U0189753

鸡尾酒
调\酒\的\艺\术

COCKTAILS
THE ART OF MIXING PERFECT DRINKS

[德] 克劳斯·圣·莱纳 著　田芙蓉 译

中国轻工业出版社

目录

序言

各位读者朋友，非常荣幸为您设计制作一杯属于你自己的经典鸡尾酒。我在酒吧和酒店工作了近25年。2010年，我和我的搭档蕾奥妮·冯·卡纳普得到了接管位于德国慕尼黑黄金酒吧的机会。在这段时间里，我获得了不少酒吧工作的经验和技能。亮点还包括我作为酒吧经理和恩斯特·赖西特哈勒一起工作的5年。我在他的国际外卖酒吧进行服务，服务足迹遍布美国洛杉矶和阿联酋迪拜。随后的7年在德国慕尼黑的舒曼酒吧不断完善我的调酒技能。

一直在世界酒吧柜台后面工作，不仅见证了鸡尾酒市场的艰难岁月，也迎来了鸡尾酒在20世纪90年代末的一个全新黄金时代。这些经历影响了我的调酒风格，也是我的创作之旅中作品和书籍的灵感来源。从墨西哥的糖厂、苏格兰单一麦芽酿酒厂，到澳大利亚的咖啡烘焙机，我周游世界寻找新的经验和方法。

现在我将这些实践知识运用到黄金酒吧中。黄金酒吧是于1937年在慕尼黑艺术馆（艺术之家）开业的。第二次世界大战后，他们的以全球饮料为主题的镀金内饰被粉刷后消失了。这些沉浸在历史中的房间，在2003年被"重新装饰"，更具创造性，引入新思维，认真重新诠释——这就是我如何调制鸡尾酒的方法。大部分鸡尾酒的调制都是基于经典，再借助一些现代思维和技术，进行了一些改良。

我的调酒理念很简单：永远不要全部接受除非它是最好的。我一直反对使用不符合我想法和质量的产品。一杯鸡尾酒是很多原料的总和，这些原料是一定要记住的。书中看到的所有列出配方饮品的照片，都是在黄金酒吧拍摄的。此外，有些杯子和器具都是古董原件，已经有200年历史了。

最后，除了创意，尽职地为客户服务也十分重要的。作为调酒师，需要夜以继日地提供服务。切记，能得到客户完全信任的机会只有一次，只有这样，才能履行作为一名真正鸡尾酒传播者的使命。

其乐无穷的经典鸡尾酒

许多我们今天认为是经典的鸡尾酒已经随着时间的推移不断被复制和改良。所以现在已经很常见的现代混合风格"经典鸡尾酒的改良版"，其实和鸡尾酒本身一样历史悠久。这种"改良"是我的典型风格，我总是试着尽可能保持着和原始经典的联系。

鸡尾酒的新黄金时代

自20世纪90年代末以来，世界各地的酒吧发生了极大改变。以前，饮料里混合了太多的果汁和糖浆，在许多经典鸡尾酒中仍有不正确的诠释。例如，由于禁酒令的实施，使得在曼哈顿等经典鸡尾酒中，美国威士忌被加拿大威士忌（最初走私）所取代。直到世纪之交，这种不好的现象才消失。当然，随着时间的推移，鸡尾酒自然也在发生改变。例如，在干马天尼中（见76页），开始由金酒、大量的苦艾酒、苦味剂和柠檬油调香（将柠檬皮挤压出的油放到鸡尾酒中调香、调味）的和谐组合，已经逐渐演变成一款装在平底古典杯的荷式金酒加橄榄的鸡尾酒。

经典鸡尾酒是经过了深思熟虑后才创作出来的。在19世纪，由于市场上充斥着质量低劣的烈酒以及外来调酒材料的稀缺，调酒师必须发挥自己的真正才智才能完成鸡尾酒的调制。如果没有可用的柑橘类水果，150年前，糖浆是由醋、糖和其他酸性水果熬制出来的。使用高质量的原料和简单的技术来达到最佳效果仍然应该是今天最重要的。这就要求每一位调酒师应该具有很好的知识储备和调酒技术，我很愿意在这里和大家分享。

今天，我们正在经历另一个鸡尾酒的黄金时代。丰富的产品使更多的鸡尾酒被创造出来。在过去，高质量的薄荷只能在6月到8月底使用。如今，来自世界各地的产品可以被广泛运用，无论是日本木桶陈年酱油或是来自墨西哥珍贵的龙舌兰酵汁。

此外，还有技术创新带来的便利。经适型的真空设备可用于（见158页）制作糖浆和浸液，而日常用到的脱水设备也用于生产鸡尾酒"干片"和高香度的粉末（见160页），使用后原料的质地可以轻易改变，"血与砂"鸡尾酒就是一个很好的例子（见128页），把原来配方中的橙汁在黄原胶（一种增稠剂和稳定剂）和虹吸式抖动的作用下将其转换成泡沫（见162页）。当你品尝此类酒时，感受到苦味酒的苦泡沫轻吻嘴唇，强烈芳香口感的饮品滑过口腔。这款鸡尾酒和原来的配方成分是一样的，但现在这是一种全新的品酒感觉。

近年来，"烹饪"的风格在调制鸡尾酒中也很流行。这种方法涉及使用的产品和技术在厨房比在酒吧更为典型。各种各样的植物和蔬菜甚至肉和火腿，已经进入新的酒谱中。"血腥艺伎"（见116页）或"有毒的花园"（见56页）都属于烹饪类鸡尾酒的领域。

关于本书

作为一个专业本土的酒吧，你需要了解基酒（见15~16页），并扩展到其他的基酒ABC（见164~167页）。许多书中的酒谱可以混合使用几种基酒。你可以自己尝试做几乎所有基本酒谱附录中的基础原料（见158~163页）。当然，你也可以使用现成的产品，如果你有时间，最好选择自制附加料。比如自制姜汁啤酒（见42页），这一系列精致的饮品可以对你的客人产生震撼效应。这是非常值得的！

鸡尾酒制作分为三部分。在第一和第二部分中，你将在几乎没有调酒经验的情况下学习如何制作鸡尾酒。在第三部分中，你可以学习如何自由地在特殊的场合和重要的聚会中调制鸡尾酒。当然，你应该需要一些现场实践的练习。在附录中（见172~173页）可以根据你的心情或所处的场合找到完美的饮品。

第14页，你会发现这本书中使用的杯具关键符号。无论你是正在寻找一个在晚上喝的烈性的、温暖的、不含酒精的鸡尾酒，或是为晚上众多客人准备的简单酒单，你都可以使用这些符号来进行指导。在24页你会了解一些可以很容易提前准备的产品，例如用于聚会的瓶装饮料产品。

最后，给大家一点忠告：科学饮酒是至关重要的。人们很容易醉酒，这样的说法并非耸人听闻。在这本书中介绍的一些饮品是很烈性的，这也是为什么喝这些酒时要喝大量水的原因。其实我更愿意推荐少量、烈性的鸡尾酒，而不是可以大量的、比较容易喝的时髦的流行鸡尾酒。因为这样的饮品含糖量很高，不利于健康。这个道理同样适用于质量：更好地享受少而精的鸡尾酒，品味真正的激情。

现在是开始的时候了，希望通过本书能获取很多有趣的调酒体验！

调酒设备（EQUIPMENT）

使用正确的调酒设备和拥有一流的原料同等重要。首先，你不需要太多东西，只要有一个调酒壶、一个调酒杯和一个过滤器。如果你想深入研究，你应该考虑装备脱水机或冰滴架（见12页）。

调酒壶（SHAKER）

这是用于需要摇混的鸡尾酒使用的设备。一个是波士顿调酒壶，包括一个玻璃杯和一个能搭配玻璃杯使用的金属杯。或者，你可以使用金属两件套调酒壶和三件套调酒壶，通常要有一个可以盖在调酒壶上的过滤器。当然，后者更适合很清楚地看到鸡尾酒调制时的各种原料。最好选择壶身完全是金属质地的，或者是贵金属制作的，因为使用这样的摇混设备调制的饮品将会更加清凉（见13页图13）。

调酒杯（MIXING GLASS）

这是个广口的有倒酒口的玻璃杯，是为需要搅拌的鸡尾酒准备的装备（见13页图13）。

过滤器（STRAINER）

酒吧的过滤器是带有螺旋的，称为霍桑过滤器。它非常适合和波士顿调酒壶或两件套金属壶搭配。另一种没有螺旋的整体酒吧过滤器称为朱丽浦过滤器。朱丽浦过滤器特别适合大多数调酒杯。这两个品种（见11页图1）用于需要滤去冰块的饮品。

滤茶器（TEA STRAINER）

滤茶器（见11页图2），可以在过滤器和玻璃杯之间过滤小碎冰和水果。

吧匙（BAR SPOON）

这是用于搅拌饮料的工具，并可作为酒吧的量器（1吧匙 = 5毫升）。另一端可以用来压碎调酒用的一些小的、不太大的固体成分，比如方糖（见11页图3）。

量杯（MEASURING CUP）

你可以使用它来掌握调酒配方的准确性（见11页图4），你应该训练自己不用它来进行倒酒。用水进行练习，把水倒出来，然后检查分量。不久，你就会很有信心，操作时不用量酒器，而且会更加令人印象深刻。

冰夹（TONGS）

你可以使用冰夹卫生、优雅地来获取冰块、方糖或水果装饰物。我最喜欢使用的是大钳子冰夹（见11页图5）或金属筷子（见11页图6）。

冰锥和冰铲（ICE PICK AND ICE SCOOP）

你需要一个冰锥来敲大冰块，并且（通过一些实践训练）把大的冰块逐渐分解成小的冰块。出于卫生的考虑，冰铲在使用后不应该放在冰块上（见11页图7）。

刀具（KNIFE）

一把锋利的刀需要完成很多酒吧的任务，从切水果到雕出冰的形状。我自己偏爱小型的、日本产的刀，如全球品牌（见11页图8）。

捣拌棒（MUDDLER）

一个专业的捣拌棒是一个长30厘米的木杵，是用来捣碎、混合水果，并用于碎冰（见11页图9）。

喷雾器（ATOMISER）

作为传输杯子中特定香气的用具，你只要简单拿一个小瓶子，填满所需的香气原料，并且使用喷雾来滋润杯子的内部（见11页图10）。

礤子（FINE GRATER）

这是用来擦碎柠檬皮和肉豆蔻的（见11页图11）。

柠檬榨汁器（LEMON SQUEEZER）

用手直接压榨，将产生最好的果汁。对于小柑橘类水果，推荐肘压器（见11页图12）。对于较大的水果，一台榨汁机更容易处理。甚至可以用传统的榨汁机，把切成两半的水果放到榨汁器里扭压，榨出大量的果汁。如果数量比较大的话，你还可以使用电子榨汁机来榨汁。

榨汁机（JUICERS）

电子榨汁机（离心机）是生产那些不能压榨，如苹果、菠萝、姜等必不可少的用具。

电动搅拌机（ELECTRIC MIXER）

这是用来制作冰冻饮料（见82页），准备泡沫（见162页）或研磨香料。

鞭打虹吸和苏打虹吸（WHIPPING SYPHON AND SODA SYPHON）

鞭打虹吸是很有用的，例如，可以快速生产新鲜糖浆（见158页）。我还用它来做精致的泡沫（见162页）。苏打虹吸是起到碳化（添加二氧化碳）柠檬水和其他饮料的作用的（见13页图15）。

冰滴壶（COLD DRIP）

冰滴壶是在日本咖啡机中制作冷冲咖啡的器具。在这种方法中，水（冰）滴慢慢通过过滤器（见13页图14）滴出，其结果是可以使咖啡产生高度芳香，减少苦味。这个器具也适合于茶饮和比较重要的创造性酒饮（见163页），我最喜欢的品牌是哈里欧（Hario）。

脱水机（DEHYDRATOR）

一个简单便宜的脱水机（见13页图16）有助于促进生产"粉末"（见160页）以及火腿和水果干。或者，你也可以使用烤箱来代替。

杯具

小量杯
(SMALL BEAKER)

葡萄酒杯
(WINE GLASS)

海波杯
(HIGHBALL)

鸡尾酒杯
(COCKTAIL GLASS)

长饮杯
(LONG DRINK GLASS)

茶杯
(TEA CUP)

香槟杯
(CHAMPAGNE FLUTE)

古典杯或平底无脚酒杯
(OLD FASHIONED GLASS
OR TUMBLER)

银壶和小茶杯
(SILVER POT AND SMALL CUP)

宾治碗
(PUNCH BOWL)

银酒杯
(SILVER GOBLET)

本书的缩写符号
bsp = 吧匙，tbsp = 餐匙，tsp = 茶匙，
dash = 滴

适用于大多数客人　　热饮　　不含酒精的饮料

基酒（BASIC ALCOHOLIC INGREDIENTS）

下面的酒精饮料应该在每一个酒吧都有储备。当然你会发现还有其他额外的推荐"基酒ABC"（见164~167页）。

苦味酒（BITTERS）

苦味酒相当于调酒师的盐，几乎没有一个经典鸡尾酒可以没有它们。在现代调酒中，苦味酒通常是用在最后擦在杯子边缘提味的。我自己经常使用的苦味酒有两个品牌：性感苦味酒（Sexy Bitters）（辛辣的、温暖和烈性的）、OK滴剂（OK Drops）（花香气、甘菊味、巧克力味），这两个品牌在国际上使用甚广（见174页）。你也可以用安格斯图拉苦精（Angostura Bitters）或自制的芳香苦味剂（见156页）来代替性感苦味酒。在附录中专为大家列出了其他所有的苦味酒（见164页）。

香槟（CHAMPAGNES）

用香槟酒作为基酒进行调制是干型和高质量的代表，当然你也会非常高兴直接饮用。廉价香槟或其替代品将失去饮酒的乐趣。我建议的香槟品牌是巴黎之花特级干型香槟（Perrier Jouët Grand Brut），法国首席特酿贝林哲香槟（Bollinger Special Cuvée Brut）或者雅克森香槟（Jaquesson）。

金酒（GIN）

用各种各样的草药和植物包围着杜松子并注入中性酒精随后蒸馏，得到我们所说的金酒。如果没有加香或者加糖，就得到伦敦干金酒，是当地最优质的金酒。如果需要添加清淡口感的蒸馏金酒，那我最喜欢的是新鲜的杜松子酒和汤力水的混合物。我喜欢用的金酒品牌是"添加利10号（Tanqueray No. Ten）"，这款金酒起到了鸡尾酒骨干的作用，它具有柑橘类水果的味道并有47.3%的酒精（47.3度）。

朗姆酒（RUM）

朗姆酒是一种烈性酒，是从甘蔗汁或糖蜜中发酵和蒸馏出来的。通常是在橡木桶中陈酿，在世界各地都有生产，有很多的品种。调酒用的话，我力推强劲、深色来自牙买加生产的拥有很好酒体的朗姆酒。对于简单而适饮的朗姆酒，我喜欢用更为年轻的朗姆酒：哈瓦那或者德梅拉（Havana or Demerara）。

干邑（COGNAC）

干邑是最著名的法国原产地名称的被保护的白兰地。在橡木桶中陈酿，通常混合不同年份的白兰地，比较年轻的干邑V.S.O.P.（非常优质的陈酿淡色白兰地）在橡木桶中至少陈酿四年以上，XO（特级陈酿白兰地），最少陈酿十年。除了干邑，你还可以选择在橡木桶中陈酿时间比较长的法国雅文邑（Armagnac）、西班牙白兰地或德国白兰地。

特基拉酒和梅斯卡尔酒（TEQUILA AND MEZCAL）

这两种酒的原料都是龙舌兰。特基拉酒必须用来自墨西哥哈利斯科地区或几个其他地区的蓝色龙舌兰来制作。这个限制使得梅斯卡尔酒（Mezcal）可以从任意数量的其他龙舌兰品种包括野生龙舌兰来进行制作。特别典型的一个例子是鸡胸梅斯卡尔酒（Mezcal de Pechuga）来自墨西哥的带烟熏味的烈酒，在蒸馏时悬挂生鸡，让蒸汽上升时通过，使梅斯卡尔酒带有鸡的味道。

单一麦芽威士忌（SINGLE MALT WHISKY）

单一麦芽威士忌源于一个蒸馏酒厂。严格来说，麦芽威士忌是把麦芽啤酒蒸馏后在旧橡木桶中陈酿。最常见的是旧波旁威士忌酒桶，也许以前可能存储过其他类型的烈酒或葡萄酒，相应地对麦芽威士忌产生了影响。伊莱岛威士忌的特点是它强烈的泥炭味道，因为麦芽烘干时是用泥炭火烤。调制"泥炭炸弹"我喜欢用阿德贝哥10年（Ardbeg 10），而制作宾治，我爱使用非常清新的高地威士忌（Nàdurra），来自格兰利威。顺便说一下，你也可以试试我单一麦芽酒谱中的任何一款，也许是你碰巧有单一麦芽威士忌，结果总是非常有趣的。

混合苏格兰威士忌（BLENDED SCOTCH WHISKY）

遵循一个世纪以来古老的传统，淡质的混合威士忌，是在苏格兰生产的，尽管当时的气候条件每年有些变化，却依然保持年复一年相同的味道。基酒基本是由淡质的、一种高比例的谷物威士忌，然后与50种来自不同的酿酒厂不同单一麦芽威士忌进行混合。混合威士忌，还是苏格兰威士忌尊尼获加比较好。

波旁威士忌（BOURBON）

波旁威士忌是一种至少由60%的玉米酿成的美国威士忌，其余原料是黑麦或者大麦。多亏了高比例的玉米，这些威士忌酒体醇厚并带有甜味。当购买波旁威士忌，寻找"肯塔基单一麦芽波旁威士忌"时。我喜欢用布利特（Bulleit）波旁威士忌来调制鸡尾酒。

黑麦威士忌（RYE WHISKEY）

黑麦威士忌是由至少60%黑麦以及玉米和大麦为原料酿制而成的美国威士忌。黑麦远比玉米干，不甜，口味更柔和，品尝时清晰可辨。黑麦的比例越高，黑麦威士忌酒更干而且更具独特性。布利特黑麦威士忌就是用95%的黑麦制成的，这是黑麦比例最高的威士忌。这种干型清新的口感非常适合调制经典鸡尾酒。我经常喜欢使用古典杯和器具来调制鸡尾酒，因为这能体验到一种难以置信的穿越时空旅行的快感。

果汁（JUICES）

当使用果汁时，应该十分重视新鲜度和质量。有一些简单的经验法则或多或少地保证你不会出错：现榨的果汁优于市面上出售的果汁；成熟的水果比不熟和冷冻的水果好；有机水果优于传统种植的水果；人工压榨的果汁比电动榨汁要好。我的酒谱一般没有很奇异的果汁，基本限定在一些最常见的品种。为方便起见，我从优质的供应商那里购买产品，比如椰汁、番茄汁、蔓越莓果汁等。

新鲜榨汁（FRESHLY PRESSED）

大多数调酒师的"新鲜"意味着"现点现做"，也就是说：拿新鲜水果榨汁。在新鲜果汁氧化和迅速腐败的作用下，这种方法当然是正确的。但话说回来，研究表明，以青柠汁为例，榨汁后3~4个小时才达到最好的口感。

常用果汁的准备（USING PREPARED JUICES）

告诉你一个非常实用的方法，如果你想在客人到达前快速为他们榨汁，把果汁储存在干净的瓶子中，可以使用整个晚上。在黄金酒吧我就是这样处理的。晚上酒吧营业结束的时候，果汁已经变得不太好了，第二天就不应该再次使用，但采用了我的方法，除了葡萄柚汁，其他果汁保持3~4天没有任何问题。如果你要准备大量的果汁，你可以把它们冰冻起来，过几天再使用。如果要解冻柑橘时，把柑橘的果皮削下来（尽可能不要把白色的果瓤留在表面上），放在沙司盘中加水温热，挤出超出果汁部分的精油。你也可以使用这种方法让柑橘类的水果更加芳香并能榨出更多的果汁。

柑橘汁（CITRUS JUICES）

青柠、柠檬、橘子、葡萄柚最好采用手动榨汁。如果你需要大量的果汁，就只能使用电动榨汁机了。

苹果、菠萝、姜汁（APPLE, PINEAPPLE, GINGER）

不能用手动榨汁的方法来生产苹果、菠萝、姜汁，只能使用榨汁机（离心分离机）来轻松榨汁，即使量再大也没有问题。

蔓越莓、西红柿、椰汁（CRANBERRY, TOMATO, COCONUT WATER）

这些果汁，如前所述，最好向一家优质的供应商购买，这是完全可以的。

糖和糖浆（SUGAR AND SYRUP）

几乎没有什么饮料是不含糖的，只是形式不一样。即使一小滴的糖浆也会增强任何饮料的风味——就像在烹饪时必须加盐一样。使用人工甜味剂完全违背我的调酒理念。糖是一个风味载体，而甜味剂总是伴随着不愉快背景的味道。使用适当的糖和有意识地这样做比使用糖替代品要好得多，最终比你实际目的会消耗更多的热量。一些草药甜味剂（甜菊糖），可以成为一些茶饮的增甜剂，这是比较有趣的搭配，除非你真的需要部分像甘草一样的回味。龙舌兰糖浆可以适用于糖尿病患者，但仍需要节制使用。决定使用哪种糖取决于你自己的口味以及你要用的饮料或糖浆的类型。

白糖（WHITE SUGAR）

这是在增加饮品的甜度时的首选。因为它是纯甜味，没有添加其他辅料，是所有酒谱配方中最适合、最需要的糖浆。白糖是由蔗糖、甜菜或甘蔗中提炼而成，在熬制糖浆和用研磨机生产结晶粗糖时，通常也会使用化学物质进行漂白处理。

棕糖（BROWN SUGAR）

它是在白糖的基础上，用糖蜜调色而成。

黑砂糖（MUSCOVADO SUGAR）

一般糖正常加工时在离心机的作用下分离晶体，换句话说，黑砂糖是在甘蔗汁煮干、结晶，并通过不同的方式预处理，得到浅色或深色的砂糖。深色的砂糖有很强的蜜糖味道，而浅色的砂糖口味较轻淡细腻，这就是为什么我喜欢在我的一些酒谱中使用浅色的砂糖。最重要的是，浅色的砂糖给予糖浆一种爱的感觉。另外，这种糖还含有高比例的维生素和矿物质。

未精制的糖/黄砂糖（UNREFINED SUGAR/DEMERARA SUGAR）

未精制的糖和白糖的制作方法一样，不过最后不纯化提炼。这意味着它不太白，并拥有糖蜜的比例，味道更强烈、更浓郁。黄砂糖是一种典型的未精制的糖，建议在你想要增加饮品和糖浆的醇厚度时使用它。

有机糖（ORGANIC SUGAR）

这是一种上好的精制糖，不允许化学漂白处理。从味道的角度来看，它应归于糖蜜的不同含糖量的一种，介于未经提炼的糖和白糖之间。

糖蜜（MOLASSES）

这是甘蔗制成黑棕色甘蔗汁后的成果。它由新鲜甘蔗汁制成，通常用于英国和所有的朗姆酒发酵的原料，除了甘蔗汁的朗姆酒[农业朗姆酒（Rhum agricole）]。你需要使用糖蜜混合饮料时要非常谨慎，因为这些糖蜜具有非常强烈、独特的味道。

蜂蜜（HONEY）

这是一种天然甜味剂，带来不同风格的香味和甜味，这取决于花的类型和它的来源。在酒谱中，蜂蜜是必不可少的，它给予饮品独特的风味。蜂蜜水在160页进行了探讨，这是很多饮品中必不可少的调味精华。

龙舌兰糖浆/龙舌兰浓缩糖汁（AGAVE SYRUP/AGAVE JUICE CONCENTRATE）

这种液体形式的糖更适合与特基拉酒和梅斯卡尔酒进行搭配，因为它们是用相同的原料——龙舌兰生产的。龙舌兰糖浆在调酒师行业里非常知名，是因为在洛杉矶汤米酒吧工作的调酒师胡里奥·贝尔梅霍曾在调制玛格丽塔鸡尾酒中使用过。这种糖浆略有草的香味，甜度比正常糖浆要高，含高比例的果糖，糖浆的胶质少，不粘舌头。

糖浆（SYRUPS）

在基础原料中（见158～163页），你会发现书中所有使用糖浆的酒谱，从简单的糖浆到水果、茶或麦芽啤酒的高度芳香品种。自己制作糖浆可能更耗时，但是非常有趣，可以让你有机会创造很多不能在商店买到的口味，特别是如果你使用现代技术设备：真空、压力注入或冷冻的方法，所有这些，都在附录中进行了描述。糖浆是值得自己制作的，不仅在质量控制方面，更在于你是第一个尝试者，这将远比任何购买的产品要好得多。当然，你也可以使用购买的产品。

小贴士

使用不同来源的糖是玩转酒谱最重要的游戏规则。

冰（ICE）

冰是构成一杯好饮品最重要的因素之一。在我的酒谱中，冰块特指大、清晰，长约3厘米，边缘完美无损的冰块。有小锥孔、掘痕或碎片是不可以使用的，并确保在每个阶段的准备过程中保持最大的清洁度。

冰块（ICE CUBES）

为了保持专业度，最理想的冰块是使用过滤后的水和一个优秀的厨具供应商提供的硅胶模具来制作。首先填充模具，然后在一个托盘里倒水，把水倒满盖过模具，冰冻。一旦冻结，小心取出冰块模具，凿掉多余的边缘。把冰块从硅胶模具中取出，这会产生双层冰冻的冰块，多用于许多顶级的酒吧。使用冰块最理想的方法是对饮品进行搅拌，能保持冰冷，又有很少的冰"融化"。如果在家庭中使用，袋冰也是很好的选择。或者你可以问附近的酒吧要一些，没准谁可能会高兴为你供应一些，以换取一些小费。如果想要一个制冰机，专业酒吧应该考虑购置一种大尺寸的，这样可以确保有足够的冰来使用。

碎冰（CRUSHED ICE）

最好的碎冰是拿双层冷冻的冰块，用刨冰机或全能料理机进行破碎，随后再次冻结，冻结时反复搅拌，使细粒度与冷却度达到最佳状态。或者你可以把冰块放在干净的亚麻口袋中，用木锤或其他东西砸碎。

大冰块（ICE BLOCKS AND ICE CHUNKS）

如果需要自己雕凿的大冰块，可以从冰块供应商或互联网订货，我偏爱使用从大冰块切出来的。如果你想自己制作这种冰块，可以在自己需要的尺寸的没有盖子的冰盒中装满所需的蒸馏或过滤后的水，放进冰箱。当冰盒从上到下冻结，一直到冰块晶莹剔透，除出底部多余的部分，用冰锥和冰锯进行切割。

冰球（ICE BALLS）

冰球通常是手工雕刻的，如果在家里，我会利用水炸弹气球来制作。用过滤水填充气球，打结后放在冰箱里，这样它们或多或少都是球形。这种方法可能导致球体比较浑浊，但优点是包装比较卫生，个人也比较容易制作。

调制（PREPARATION）：
摇混，搅拌（SHAKEN,STIRRED）…

用适当的设备和几个简单的步骤，可以调制任何饮品，只有调酒壶（雪克壶）需要一点练习。下面展示如何使用最重要的工具和原料。

1 摇混法（SHAKEN）

把原料和冰加入调酒壶中摇混，或不加冰干摇，盖上盖子，大力摇动10～15秒。通过与冰块的摇混，饮品不仅变冷，而且也有部分的冰融化在饮品中——这取决于你调制的是哪种类型的饮品。大约90秒之后，饮品就不冷了，而且会有一些融冰水。为了练习，你可以在调酒壶中装一半生大米粒，这样同摇混冰块和原料的感觉比较类似（见25页图1）。

2 搅拌（搅混）（STIRRED）

作为一个规则，把所有饮品的原料放到调酒玻璃杯中搅拌，需要10～15秒。而搅拌时间越长饮品将变得越冷，也会冲淡饮品的口感，实际上这在某些饮品调制时是可取的。大约90秒之后，和摇混一样，饮品酒不会有更多变化了（见25页图2）。

3 杯中调和法（BUILT IN THE GLASS）

杯中调和法是在客户的载杯中把冰块和各种配料进行混合和搅拌。比如一些鸡尾酒：古典鸡尾酒、拉斯塔钉；一些长饮：以莫斯科骡子为例，都使用的是杯中调和法（见25页图3）。

4 瓶装调制（PREPARED IN THE BOTTLE）

在有些情况下，饮品都可以提前准备并进行冷藏，直到你的客人到来。因此，这些饮品比较适合大型的聚会或派对。提前准备一些饮品放到瓶子里并没有什么难为情的：早在150年前，专业的调酒师使用这项技术来帮助应对突然的峰值需求，不仅能节省时间，而且可以保证每杯饮品是相同的品质，因为准确地测量配方只有一次。简单把指定数量的配方原料乘以客人的数量，把量好的原料都放在一个更大的容器中，并倒入干净的瓶子里，放在冰箱里存储。在使用前，根据配方摇混并按步骤进行调制。为了弥补缺乏的融水，你应该添加一些水来稀释瓶里的饮品（见25页图4）。

…过滤（STRAINED）

无论你使用霍桑还是朱丽浦过滤器，最后都要把饮品的各种成分都归入杯中。朱丽浦过滤器的起源，可以追溯到当时人们使用一个过滤器来喝一杯经典的冰镇薄荷鸡尾酒，把它放在杯子口，以避免喝到小碎冰或薄荷。

5 滤除或者筛选（STRAINING OR FILTERING）

几乎所有用调酒壶或者调酒杯来进行鸡尾酒调制时，都必须过滤。将过滤器放到调酒壶或调酒杯的上方，把饮品通过筛过滤后倒入饮用杯中（图5）。

6 双重过滤或者精度过滤（DOUBLE STRAINING OR FINE FILTERING）

双重过滤或精度过滤用于过滤掉饮品中任何小块的冰、不放进饮用杯饮用的水果或草药等。要做到这一点，只要在过滤器和酒杯间使用一个小滤茶器即可（图6）。

7&8 柑橘皮压榨（SQUEEZING CITRUS ZEST）

从柑橘类水果上切一块薄薄的皮，在杯子上方挤压，就给饮品增加了美妙的香气。但是剩下的皮不应该添加到饮品中，因为它含有大量的苦味物质，味道喝起来太强烈。在一些特殊的酒谱中，却需要这种效果。在这些情况下，应该在削皮时小心，不要留下白色的果瓤，因为这个东西特别苦（图7和图8）。

挤压（SQUEEZE）（无图）

如果需要挤压，就要用小片的柑橘类水果，比如，切1/6个青柠，挤汁到饮品中，然后切一片添加到饮品中。

外壳（CRUSTA）（无图）

创建一个"壳"（类似糖霜），滋润玻璃杯的边缘，倾斜放到一盘糖粉中——多深多久取决于所需的宽度和硬度的外壳。制作不同种类的外壳可以使用不同的糖和液体。一个特别好的外壳可以通过雾化器喷洒适当的利口酒在杯口，然后再在杯口上撒一层糖或粉末。

配方

简洁  智慧

——随时可调的简单鸡尾酒

金香槟（GOLDEN CHAMPAGNE）

　　金香槟是我们黄金酒吧特选的开胃鸡尾酒，无论是夏季还是冬季，都是最理想的选择。而且，它非常适合大型聚会，因为你可以提前准备基酒，轻轻倒在瓶子里，让它冷却，直到你使用它。你甚至可以提前预香杯子，等客人到来后再倒香槟，这样可以确保香槟鸡尾酒送到客人手上时一直保持着新鲜的"气泡"或"小串珠"，而且这也是一个非常吸引人的调酒手法。

配方
新鲜的鼠尾草
添加利10号金酒　30毫升
鲜柠檬汁　1餐匙
接骨木花糖浆　2茶匙
橘子苦味酒　2滴
巴黎之花特级干型香槟
　适量

香槟杯或者银酒杯

调制
用拇指和食指把鼠尾草叶折起来，揉搓后擦在银酒杯的边缘，使杯子留有鼠尾草叶的香味。用调酒壶把金酒、柠檬汁、糖浆和苦味酒充分摇混后滤入杯中。然后加入香槟到杯口，并装饰一片漂亮的鼠尾草叶。

接骨木花糖浆和鼠尾草叶是金酒最完美的搭档。

酸威廉姆斯（WILLIAMS SOUR）

使用高质量的水果白兰地来调制鸡尾酒是非常不错的选择。这类鸡尾酒总是既简单又经典，颇受饮客的青睐。在我看来，最好质量的白兰地应该是奥地利 Reisetbauer 品种。

配方
蛋清　半个
威廉姆斯梨子白兰地
　50毫升
鲜柠檬汁　1餐匙
鲜青柠汁　1餐匙
糖粉　2吧匙

小鸡尾酒杯

调制
使用一把宽刀面的刀，分半个蛋清放入调酒壶。放入所有的原料加冰块摇混，然后双层过滤后倒入预先冰镇好的鸡尾酒杯中（见图右）。

李子费兹（PLUM FIZZ）

和酸威廉姆斯一样，按相同比例使用酸橙和柠檬汁，这种酸度结构让饮品更好喝。

配方
李子白兰地　50毫升
鲜柠檬汁　1餐匙
鲜青柠汁　1餐匙
糖粉　2吧匙
鸡蛋清　1个
苏打水　适量

海波杯

调制
把所有原料（苏打水除外），加冰放入调酒壶中，用力摇混后放入已经冰镇过的海波杯中，加入适量的苏打水，到杯口即可。此款鸡尾酒最好的口感就是冰冷和新鲜的泡沫（见图左）。

东京玫瑰费兹（KYOTO ROSE FIZZ）

这是我最喜欢的使用日本清酒调配的鸡尾酒之一。蛋清在入口时给饮品带来柔滑的口感，并结合香橙花水和干玫瑰花瓣带来的微妙香气。这些配料在草药商店和超市都可以买到。在原来经典的鸡尾酒配方中，我在2012年创作了一款调酒师的鸡尾酒，使用的是玫瑰清酒。为了达到这样高质量的绝妙口感，使用了普通的清酒与利莱玫瑰红酒相结合，尝试改造酒的香味结构。如果你碰巧遇到这种玫瑰清酒——你一定要试一试！

配方

纯米吟酿清酒　50毫升
利莱玫瑰红酒　20毫升
鲜青柠汁　1餐匙
鲜柠檬汁　1餐匙
糖浆　1滴
糖粉　2吧匙
香橙花水　2滴
鸡蛋清　1个
玫瑰干花
苏打水　适量

长饮杯

调制

把所有原料除苏打水之外放到调酒壶中，加冰用力摇混10～15秒，然后滤入加满冰块的长饮杯中，注入苏打水，并充分混合。

你在混合后还可以直接在调酒壶中添加苏打水，这样可以使酒质更均匀。

金特金斯1号（GINTELLIGENCE NO.1）

　　这款热饮的模板来源于典型的汤姆·柯林斯，通常会和费兹族系的鸡尾酒混淆。这两种鸡尾酒在成分上几乎相同，然而，费兹鸡尾酒不加冰块，只要求载杯预先冰镇，并加入适量的苏打水进行混合。而柯林斯族系是用长饮杯并加入更多的苏打水进行稀释。金特金斯1号得名是因为我很意外地发现这款著名的饮品变温暖后有一种奇妙的混合味道：在秋季和冬季寒冷的天气把饮品升温后，会使这款鸡尾酒有更全面、更强的味道，特别是如果把基酒换成荷式金酒的话。

配方
添加利10号金酒或者荷式
　金酒　60毫升
鲜柠檬汁　30毫升
三倍糖浆　20毫升
（见160页）
杜松子浆果　5粒
热水　100毫升

茶杯或味噌汤碗

调制
　　把除杜松子浆果外的所有原料放到在火炉上加热的平底锅或银壶里，注入热水，煮热后倒入茶杯或味噌汤碗中，并放入杜松子浆果即可。

银制餐具有特别好的导热性和良好的保温作用，同时也有很好的保持冰冷的作用。

严肃先生香槟鸡尾酒（MR SERIOUS CHAMPAGNE COCKTAIL）

　　我是一个喜欢观察而不善言辞的人。由于这种特点，我在牙买加阿普尔顿的加勒比海最大的朗姆酒酒厂获得了一个绰号："严肃先生"。这激发了我发明了这种饮品——严肃先生香槟鸡尾酒。不需要你说话，你可以享受安静。这个酒的配方（像我的大多数饮品一样）可以用安格斯图拉苦精取代性感的苦味酒。另外，也可以使用芳香类的苦味酒配方（156页）。

配方
深色牙买加朗姆酒
　　20毫升
法诺勒姆　2茶匙（见158页）
新鲜的青柠扭条　1根
性感苦味酒　2滴
巴黎之花特级干型香槟

香槟杯或银酒杯

调制
　　把除了香槟酒之外的所有原料加入到调酒壶中，加冰块摇混，滤出，倒入冰镇过的香槟杯或者银酒杯中，再加入冰镇过的干型香槟酒到杯口。

在冰箱里冰镇酒杯，或在杯子中加碎冰，然后把饮料倒入杯中。

武士烈酒（SAMURAI SPIRIT）

　　日本清酒和蔓越莓是一个奇妙的组合，尤其是喜欢热饮的亲们。然而，你需要注意以下几点：高质量清酒的饮用温度不能高于40～50℃。只有品质差的清酒才需要加热到很高的温度，因为这样才有助于掩盖其味道和质量的缺陷。这同样适用于使用清酒作基酒的混合饮料，当然，你也可以稍微提高一点温度。

配方
蜂蜜水（见160页）
　20毫升
带皮鲜生姜　5薄片（2毫米）
纯米吟酿清酒　100毫升
柠檬味苦味酒　2滴
蔓越莓汁　50毫升
豆蔻　2粒

小平底锅或银制小茶杯

调制
　　先把蜂蜜水和生姜放到锅或者盆中，用搅拌棒搅匀。然后加入清酒、柠檬味苦味酒、蔓越莓汁慢慢加热，或用做浓缩咖啡的咖啡机的蒸汽喷嘴加热到50～60℃。最好用焙烧温度计来控制温度。把小豆蔻加到杯子里，把饮品滤入杯子中即可。

加温的清酒总是用干型的（辛口味）清酒，加温后，酒会变甜，还节省了糖。

自制姜汁啤酒
（HOME-MADE GINGER BEER）

是的，姜汁啤酒（beer）与姜汁水（ale）是容易令人混淆的。在18世纪，姜汁啤酒没有使用二氧化碳而是利用酵母发酵产生一定量的酒精。由于这个原因，它成为美国禁酒令的受害者。于是人们就调制出含二氧化碳的不含酒精的姜汁饮料，就是今天的姜汁水饮料。现在姜汁水已经成为调制鸡尾酒经常用到的饮料，但是在我自己的酒配方中还是只用姜汁啤酒，这是完全不同于姜汁水的特性饮料。而现在，你可以很容易地买到姜汁啤酒，但是赶不上我自制的姜汁啤酒的口味。我的方法很简单，你真的一定要试试！

配方
新鲜干姜汁　1份
糖浆　1.5～2份
鲜柠檬汁　3份
饮用水或者矿泉水　10份

调制
将充分过滤的姜汁倒入，与其他原料混合，然后倒出1升混合饮料放入苏打虹吸管并加二氧化碳胶囊。理想情况下，最好冷藏3个小时，以便更好地让二氧化碳充分溶入制做好的饮料中。如果你喜欢实验一下其他的方法，而不是用虹吸管来混合碳酸，可以在瓶子里放入香槟酵母片（24片酵母片/24小时发酵），然后可以看到期待的结果。

为了能在没有苏打水虹吸管的情况下快速制作，可直接使用高碳酸矿泉水来代替纯净水。

莫斯科骡子（MOSCOW MULE & CO.）

这里列举一些使用美味自制姜汁啤酒（见42页）的配方。在黄金酒吧，我们全天候提供冷或热的姜汁啤酒，饮客可以享受放入橙皮扭条的姜汁啤酒。夏天喝冷的姜汁啤酒时，可以提神解渴。冬天加热时喝，可以不用顾忌地把它当作暖和身体防治感冒的饮品一杯接一杯地喝。我个人最喜欢的是不含酒精的"性感"姜汁啤酒——就是加两滴迷人的苦味酒和一大根橙皮扭条。莫斯科骡子习惯上是用铜制的马克杯来盛放的。

配方
烈酒　50毫升
自制姜汁啤酒　120毫升
装饰物

长饮杯

烈酒加姜汁啤酒就称为"骡子"，加入青柠扭条就称为"公羊"。

此款酒的特色是可以选择不同的烈酒，比如可以选择以下任何一种经典的配方来尝试：

莫斯科骡子——使用伏特加作基酒，并装饰一片黄瓜。

伊莱骡子——使用阿德贝哥10年或者其他的单一麦芽有烟熏味的苏格兰威士忌作基酒。

伦敦公羊——使用金酒作基酒，并装饰鲜青柠扭条。

黑暗的暴风雨——使用黑朗姆酒作基酒，并用小的鲜青柠扭条作装饰。

日本武道烧酒——使用日本清酒作基酒，并加入一些红葡萄汁。

调制
在杯中加入冰块，并依次加入各种原料。

圣蒂诺（SANTINO）

卡蒂诺（Crodino）是意大利不含酒精的、带气泡的开胃苦味酒，和圣比特（Sanbitter）类似。它是很讨喜的水果味苦味酒，可以用来创作具有美妙复杂口感和深度的非酒精饮料。

配方

卡蒂诺　100毫升
鲜菠萝汁　20毫升
姜汁啤酒（见 42页）
　　100毫升
薄黄瓜片（2毫米）　5片

大葡萄酒杯

调制

在载杯中加满冰块，先倒入卡蒂诺，然后加入菠萝汁和姜汁啤酒。再把黄瓜切成薄片放入杯中，轻轻地搅拌后出品。

黄瓜和菠萝是完美的组合。

班克斯（BANKSY）

在黄金酒吧，我们是言论自由的。但即便如此，我们依然感觉到这个时代的沉重。乳脂类的鸡尾酒时代早已结束，如果我们想温柔地劝说饮客减少乳脂类鸡尾酒的选择而选择冰镇果汁朗姆酒类的鸡尾酒，通常是推荐我们的班克斯。它的配料是：上好的白朗姆酒，新鲜的菠萝汁，天然的椰子汁，这会激发出大多数人的热情。将这种饮料献给我最喜欢的涂鸦艺术家班克斯——也许你已经注意到小玩文字游戏的顶级朗姆酒也用在这种饮料中。

配方
白朗姆酒，比如银行5岛
　　60 毫升
鲜菠萝汁　40毫升
天然椰子汁　40毫升
根据个人口味加适量糖浆
　（见158页）

鸡尾酒杯

调制
将所有材料放入加冰块的调酒壶中用力摇混，根据菠萝汁的甜度，如果必要的话加入适量特制的糖浆，然后滤入冰镇好的鸡尾酒杯中。

补充说明：利用"烤"的方法增加饮品奇妙口感：在榨菠萝汁前，把菠萝切块在锅中焙烤至金黄色。

主教（BISHOP）

一些饮料不仅味道很好，同时也有药用价值，可以进行家庭治疗。姜、蜂蜜、维生素和久经考验的草本成分的修道院酒（见165页），可以帮助你的感冒痊愈。

配方
未削皮的生姜（2毫米）
　5薄片
蜂蜜　1吧匙
热水　80毫升
绿色修道院酒 V. E. P.
　20～40毫升

小茶杯

调制
把蜂蜜和生姜一起放在杯中，使生姜汁和蜂蜜的甜味充分混合。加满热水（注意，不要滚烫的水）。然后添加绿色修道院酒V.E.P，根据口味不同可以调整水温（见图左）。

求援补救宾治
（RESCUE REMEDY PUNCH）

对于有睡眠障碍的人来说，这种饮料能使你一夜酣睡，而且对治疗感冒有好处，并能有助于缓解感冒症状。

配方
植物香型的苦艾酒　40毫升
姜汁啤酒（见42页）80毫升

小茶杯或耐热玻璃杯

调制
轻轻地把两种成分放在一个小锅里，用浓缩咖啡机的蒸汽喷嘴加热，但不要加热到沸点，然后放到小茶杯或耐热玻璃杯中（见图右）。

东村（EAST VILLAGE）

　　几年前，与我尊敬的同事斯丹芬·伽巴伊在慕尼黑舒曼的酒吧工作——我们的灵感来自1943年开业的H.I.威廉姆斯的经典3瓶酒吧，我们制作的鸡尾酒是以他的书为参考：所有的酒谱表达了三种不同的精神，这是东村的起源。随着时间的推移，它已成为现代经典畅销品。在原始配方里是用日本清酒再加一些杜松子酒，但现在我更喜欢清淡的没有杜松子酒的配方。

配方
日本纯米吟酿清酒
　60毫升
覆盆子糖浆（见159页）
　1吧匙
橙味橙皮酒　1茶匙
蔓越莓汁　30毫升
柠檬扭条　1小片
橘皮扭条　1块

鸡尾酒杯

调制
　　把各种原料加入加冰的调酒壶中，用力摇混后再加入冰镇过的鸡尾酒杯中，并加入一个小橘皮扭条增味。

清酒和蔓越莓或覆盆子等红色水果很搭。

黄金树莓（GOLDEN BRAMBLE）

不需要太多变化，只需要让简单的饮料增加一些额外的东西。比如这款饮品就是给它注射了小剂量的配料"啊哈！"影响很大，甚至大过柠檬汁。

配方
添加利10号金酒　50毫升
鲜柠檬汁　30毫升
冰糖浆　2吧匙
橙皮利口酒，比如法国阿玛罗或者亚玛·匹康（装在试管里）20毫升

鸡尾酒杯

调制
把金酒、柠檬汁和糖浆放到加冰块的调酒壶中摇混，倒进装满碎冰的酒杯中。把加入橙皮利口酒的试管插到装满碎冰的酒杯中，喝之前注入橙皮利口酒（见图右）。

芙蓉花德哈利斯科
（HIBISCO DE JALISCO）

要做"烤"柑橘汁，切一半柠檬或青柠，切下表面，朝下放在热锅中，不要加油，直到它变成古铜色，然后榨汁，这时候饮品中有了一种美妙的焙烤味。

配方
青柠　1个
芙蓉花糖（见160页）
白特基拉酒　50毫升
鲜青柠汁　30毫升
三倍糖浆（见160页）1餐匙
香波浆果利口酒　2茶匙

鸡尾酒杯

调制
用切好的青柠片滋润鸡尾酒杯口，用芙蓉花糖上霜，大约1厘米宽。白特基拉酒、鲜青柠汁和三倍糖浆放到加入冰块的调酒壶中，用力摇混，然后滤入酒杯中。把香波浆果利口酒从饮品的中心倒入，并沉入杯底（见图左）。

有毒的花园（TOXIC GARDEN）

如果你需要证明不含酒精的饮料并不会枯燥、甜腻和粗糙，这款饮品就是这样的。你可以选用薄荷，也可以用其他新鲜香草替代，就像在你的厨房花园进行一次小旅行：百里香、罗勒、泰国罗勒、荨麻，甚至蔬菜沙拉——一切皆有可能。顺便说一下，直到20世纪50年代中期，柠檬水七喜只在药店出售，被认为是治疗抑郁症的温和药物，尽管它不含有药物，这款饮料明显地感觉到爽口、新鲜。

配方
新鲜的薄荷叶或者其他香
　　草　一小把
芹菜苦味酒　3滴
接骨木花糖浆（见159
　　页）2茶匙
柠檬水，比如七喜
　　100毫升
特干汤力水　100毫升
黄瓜片　3~4薄片（2毫米）

长饮杯

调制
把薄荷叶或其他香草放到加冰的长饮杯中，并倒入苦味酒、接骨木花糖浆、柠檬水和汤力水。再加入黄瓜片，并轻轻搅拌，然后出品服务。

克劳斯之痛（KLAUS OF PAIN）

这种饮料是非常烈性的，在每次酒会上，都保证会获得成功，因为这款饮品含有一定的咖啡因、维生素C、鲜姜汁，有助于提升耐受力和持久力。你可以自制这款饮品或者采用一些商店售卖的现成品。如果是像其他的饮料一样需要制作的话，这款酒真的是值得花费精力来制作。虽然你花费了时间，但赢得了客人的感谢。

配方

牙买加黑朗姆酒　60毫升
雷&侄子高度白朗姆酒　2茶匙
龙舌兰咖啡酒（见163页）或
　者添万利咖啡酒　2茶匙
鲜菠萝汁　40毫升
性感苦味酒　6滴
姜汁啤酒（见42页）
　40毫升

提基马克杯或长饮啤酒杯
（大约是300毫升）

调制

把除了姜汁啤酒以外的其他所有原料放入加冰的调酒壶中摇混，然后滤入一个装满碎冰的提基马克杯或长饮啤酒杯中，再倒入姜汁啤酒和新鲜的碎冰。添加一些花哨的装饰，然后出品服务。

这是一款为数不多的没有柠檬酸的提基饮料（姜汁啤酒除外），强烈推荐给那些胃敏感的人。

雅马哈（YAMAHAI）

在这里，金酒和日本清酒得到了完美的互补。这是一款改良的金酒类鸡尾酒，把果香味浓郁的添加利金酒与花香味一流的大吟酿清酒完美地结合在一起。

配方
方糖　1块
添加利金酒　30毫升
大吟酿清酒　30毫升
橙味苦味酒　2滴
柠檬扭条　1块

古典杯

调制
将所有材料放入杯中，用勺子捣碎方糖，搅拌直到融化。然后添加冰块搅拌至充分融化到玻璃杯边缘下面一个手指宽度，挤一点柠檬皮到杯中增味（见图右）。

一期一会（ICHIGO ICHIE）

在日本，Ichigo Ichie代表一次会谈的机会，完美的第一印象——纯米清酒、金酒和苦艾酒的完美结合。

配方
添加利金酒　20毫升
纯米清酒　40毫升
卡帕诺安蒂卡苦艾酒
　40毫升
橘皮或者柠檬皮扭条

小量杯

调制
所有的液体原料放入加冰的量杯中搅拌，然后在杯子上方挤一点橘子和柠檬皮调味（见图左）。

凯尔密斯特的朗姆烈酒
（LEMMY KILMISTER'S RUM GROG）

当然，这不是莱米最喜欢的饮品，因为每个孩子都知道摩托头乐队的主唱在弹球机的时候喜欢喝杰克丹尼威士忌加可乐，这就是为什么我专门为最伟大的摇滚明星调制一款我最喜欢的热饮料的原因——因为调制它没有比吉他独奏花更多的时间，这取决于莱米，也不会比开一瓶啤酒的时间长。

配方

烈性黑朗姆酒　60毫升

无花果酱　2吧匙

法勒诺姆（见158页）1餐匙

鲜柠檬汁　20毫升

鲜橙汁　40毫升

热水　40毫升

八角　2片

鲜迷迭香

大茶杯或有手柄的耐热玻璃杯

调制

除了八角茴香和迷迭香之外的所有原料放在一个小锅内，加热后倒入杯中。注满热水，用小枝迷迭香和八角茴香来装饰。最后，如果你喜欢，点燃迷迭香，产生烟雾和香气。

在喝这杯酒时，你应该准备好摩托头乐队的专辑。

鲜鸽子（FRESH PALOMA）

鸽子，是墨西哥的国饮，也是近年来在北方的一大突破。这是一个精致的甜点，尤其是在夏天，虽然有些"致命"。海盐给这个饮品带来了后坐力，既为身体提供了电解质，又帮助对抗宿醉。柠檬水最好自制，因为它操作简单，味道又好。美味的不含酒精的配方是不放白特基拉酒，放一束新鲜的薄荷就可以了。

配方

白特基拉酒 50毫升

海盐，如结晶盐花（Fleur De Sel） 少量

鲜青柠扭条 1~2块

粉红葡萄柚柠檬水（见下面的配方） 120毫升

长饮杯

粉红葡萄柚柠檬水

配方

鲜青柠汁 1份

糖浆（见158页）1份

鲜粉红葡萄柚汁 6份

饮用水或者静态矿泉水 6份

调制

把白特基拉酒、海盐和青柠放到装满冰块的长饮杯中搅拌，然后加粉红葡萄柚柠檬水到八分满。

调制

把榨好的果汁过滤，果浆不阻塞虹吸为止。混合所有原料，把1升水倒入苏打虹吸壶里，然后装1~2枚二氧化碳胶囊，冷藏3小时后使用，让二氧化碳更好地与液体融合。如果你没有苏打虹吸，可以使用高碳酸矿泉水来代替。

沃尔特手枪（WALTHER PPK）

　　我有一个亲密的朋友叫米尔科·哈克特，他是芭蕾舞演员、艺术家、DJ和制片人。这款饮品是献给他的，并以沃尔特PPK俱乐部来命名。一个偶然的机会让我们在慕尼黑俱乐部相识，认识许多年，我们彼此了解，这款饮品是比较适合陪伴我们度过漫长的夜晚的。

配方

苦艾酒喷雾器，内装苦艾酒，比如杜普来斯苦艾酒　1个

巧克力烈酒或者巧克力利口酒，比如莫扎特利口酒　40毫升

薄荷利口酒，比如布兰卡薄荷酒　20毫升

安格斯图拉苦精　1滴

鸡尾酒杯

调制

　　把苦艾酒倒进雾化器中，用它来滋润酒杯。这有助于喝的时候使苦艾酒的香气很巧妙地融入。在调酒壶中加入冰块和所有配料，充分摇混后滤入鸡尾酒杯中。

一杯苦艾酒可以帮助肝脏在一个漫长的夜晚中消化酒精。

66

阿尔沙文（ARSHAVIN）

在我的许多不含酒精的酒谱中，我会用略含酒精的鸡尾酒苦味酒调制。这种口味是非常独特的，喝起来也更有韵味，这个酒精含量是低于低度啤酒的酒精度的。

配方
大黄汁　100毫升
姜汁啤酒（见42页）100毫升
贝萨梅颂苦味酒　5滴
粉西柚扭条　2片

大葡萄酒杯

调制
用大冰块装满酒杯，加入果汁、姜汁啤酒、苦味酒，轻轻搅拌后，把两片柚子片挤汁后放入杯中（见图右）。

苦精的朋友（BITTERMAN'S FRIEND）

这是另一种几乎不含酒精的饮品，具有苦涩的水果风味和复杂的口感。这种饮品可以让你饮后依然可以安心驾驶。

配方
圣比特　100毫升
姜汁啤酒（见42页）
　　100毫升
贝萨梅颂苦味酒　5滴
橘皮扭条　2片

大葡萄酒杯

调制
在大葡萄酒杯中加满大冰块，倒入其他配料，稍加搅拌。然后轻轻挤压橘皮片，并将它们添加到饮料中（见图左）。

慕尼黑冰咖啡（MUNICH ICED COFFEE）

　　慕尼黑冰咖啡产生于20世纪50年代，在那个时代使用过滤咖啡加冰和奶油，现在效果仍然非常好。但我更喜欢使用浓缩咖啡或者冰滴咖啡，然后漂一层鲜奶油。浓缩咖啡的优势是可以在冰箱里保持长达两周的时间也不会失去味道，冷滴咖啡保持的时间不会这么长，但在炎热的夏天，这种咖啡是具有高度芳香和果香味的，特别提神解渴。

配方
浓缩咖啡或者冰滴咖啡
　　120毫升
鲜奶油，轻轻打发

海波杯或者小烧杯

调制
　　把浓缩咖啡倒入装有大冰块的海波杯中，把鲜奶油充分搅拌打发直到成形，把打发好的奶油放到酒杯顶部。

浓缩咖啡（COFFEE CONCENTRATE）

　　你也可以用法压壶（法国按压咖啡壶）完成以下配方，可以按照容器的大小来进行调整。冰滴壶（见12页）使用80克新鲜咖啡粉和1升水混合，最好选择一个100%阿拉比卡的咖啡。

配方
咖啡，粗颗粒　240克
冰水　1升

调制
　　把咖啡和水混合并浸泡8~12h，然后过滤。使用前用水稀释控制在1∶3的比例。

配方

经典与改变

——大众化的配方与创造性的改变

寒鸭2011（COLD DUCK 2011）

　　一百多年前，寒鸭已经成为一种受欢迎的提神饮料，由香槟、白葡萄酒和碳酸水制成混合柠檬味的饮料。在我2011的版本中，我放弃了这种酒，而是改良变成一种带甘菊糖浆的运动型气泡口味。在聚会上，要根据客人的数量增加原料，然后根据口渴的程度提供双倍或者三倍的数量。放一朵鲜花在一个盛酒的宾治大酒杯上，看起来很可爱，它不仅令人赏心悦目，而且也为鸡尾酒赋予了精致的花香。

配方
有机柠檬　1个
巴黎之花特级干型香槟
　100毫升
苏打水　100毫升
洋甘菊糖浆（见159页）
　2茶匙
可食用的新鲜或干燥的花瓣

大葡萄酒杯

调制
　　切下柠檬的两端，小心削皮，就像削苹果一样，得到长长的柠檬扭条。在玻璃杯中加入冰块，并在玻璃杯内以螺旋形状垂挂柠檬扭条。小心倒入香槟并加满苏打水，再倒入洋甘菊糖浆，用花瓣作装饰。

在维也纳，这种香槟汽酒被认为是"上等汽酒"。

干马天尼（DRY MARTINI）

    干马天尼是马天尼鸡尾酒的鼻祖之一，在托马斯·斯图尔特1896年的著作《斯图尔特的花式饮料及混合方法》（*Stuart's Fancy Drinks and How to Mix Them*）中有所记载。这是一款由1/3的法国干苦艾酒、2/3的金酒、苦味酒和一整个柠檬皮调和而成的口感平衡度较好的饮料。令人遗憾的是，在20世纪之后干马天尼就退化成了一种简单的用玻璃杯盛放的杜松子酒。这部分归咎于欧内斯特·海明威，是他将干马天尼的配方演变制作出了15∶1的变化型。直到伊恩·弗莱明在其007系列电影中甚至使用伏特加来替代金酒，使干马天尼的花式配方更加偏离美妙的经典配方。

配方
添加利10号金酒　60毫升
干苦艾酒　30毫升
橘子苦味酒　2滴
柠檬皮挤压加香　1小块

鸡尾酒杯

调制
    不加其他成分，首先在酒杯中加满冰块搅拌。倒出搅拌融化的水，加入金酒、苦艾酒、苦味酒，搅拌冷却。滤入一个预先冷却好且将柠檬皮置入的鸡尾酒杯里，这样来自柠檬果皮中的香味和果油就能漂浮在饮料表面。

在该饮料中加入橄榄是常见的做法，但橄榄在这里不起实质性作用。

岩石上的黄金马天尼
（GOLDEN BARTINI ON THE ROCKS）

　　每个酒吧都需要有自己的"独家马天尼"。我们对于马天尼的改变基于托马斯·斯图尔特于1896年提出的干马天尼早期的配方。我只是用利莱白替代了法国苦艾酒。在黄金酒吧，黄金马天尼的确有真正的"岩石"，即来自伊萨尔河的鹅卵石。只要表面光滑，选择什么样的鹅卵石差别不会太大。通过这种办法能够使饮料保持冰凉并且不需要稀释，因为这样能保持从调酒壶中滤出后的饮料完美冰凉。

配方
添加利10号金酒　60毫升
利莱白开胃酒　30毫升
橘子苦味酒　2滴
柠檬皮挤压加香　1小块
冰冻鹅卵石

古典杯

调制
　　在调酒杯中倒入所有配方成分，加上两块冰，搅拌72次，倒入放置有冰冻鹅卵石的古典杯中。加入一小块柠檬皮，但不要将整个柠檬皮放入饮料中。

在洗碗机中清洁石头并将它们放在冰箱里冰冻至-18℃。

香槟鸡尾酒（CHAMPAGNE COCKTAIL）

这款十分经典的鸡尾酒在杰瑞·托马斯1862年的《如何调制饮料或美食家的随餐伴侣》（*How to Mix Drinks, or the Bon Vivant's Companion*）中有所记载。在那时候，香槟鸡尾酒通常会搭配干邑——虽然这是个完美的组合，但这样的搭配使得这款具有绅士感的饮料成为一种危险的武器。传统做法中这款鸡尾酒也会加入挤压的柠檬皮（见26页），这样柠檬皮中的清新香气就可以漂浮在饮料表面。可惜柠檬的果油会破坏这款香槟的醇厚口感，因此我尝试着用方糖来替代柠檬。

配方
方糖　1块
有机柠檬　1个
性感苦味酒或其他苦味酒
干邑（酌量）　20毫升
巴黎之花特级干型香槟
　1瓶

香槟杯

调制
　　将方糖每一面都与柠檬果皮摩擦，增加香味。接着将方糖浸在苦味酒里，倒入杯中。如果有个人口味偏好，可以再倒入20毫升品质佳的干邑。小心倒入冰冻过的香槟，不要搅拌！这款鸡尾酒刚入口时偏干，后味浓烈且甜。最后一饮而尽，能够感觉到芳香和甘甜。

一款有趣的替代配方：
不是将这款饮料作为鸡尾酒调制，而是将该香槟单独与手工制作的安格斯图拉棉花糖搭配（见152页）。

冰冻萨泽拉克（**FROZEN SAZERAC**）

用这款令人愉悦的夏日冰饮取悦自己吧！几乎所有的干型经典都可以以这种调制方法变为冰饮。比起原版配方，只需要确保加入更多的糖浆。如果用冰泥机，应使用等量的水和酒精，否则这款饮料会过浓，产生强烈的反应。

配方
布利特黑麦威士忌
　50毫升
糖浆（见158页）20毫升
苦艾酒，如绿都兰苦艾酒
　1茶匙
贝萨梅颂苦味酒　5滴
安格斯图拉苦味酒　1滴

长饮杯

调制
使用电动搅拌机将所有原料与碎冰混合，倒入长饮杯中。如果你想使用冰泥机来制作这款饮料，将冰替换为50毫升静态水，持续混合各种成分直到变为半冰泥状态。

还可尝试以下夏日特别制法：
冰冻金汤力
传统或替代制法，尝试黑刺李金酒（见162页）或冰滴（加入甜菜根、芙蓉花、荨麻，见162页）。

冰冻苦艾汤力
口感芳香，比起加入金酒还是稍显清淡。

通常以吸管饮用，饮用时
虽然几乎不能尝到酒精的味道，
但千万小心，因为你很快能
感受到它给你带来的醉意。

红粉金酒10号（PINK GIN NO. TEN）

　　这是一款英国海军喜欢在白天饮用的粉红鸡尾酒。因为酒精在此时具有药物作用，因此在各舰艇上金酒都成为厨房中的基本配备。鉴于以前的酒精含量比起现在要高出不少，前人常常以1∶1的比例在金酒中加入冰水稀释，最佳的气味和口感大约为25%酒精含量。我之所以推荐这款酒，并不是因为其保健药效的作用，而是因为它的口感提供了一种令人愉悦的金酒变化制法。通过使用不同种类的苦味酒，你可以得到更多不同的变体；各种香料的味道促进了这个口味的多样化。

配方
以冰块冰冻的添加利10号
　金酒　50毫升
以冰块冰冻的静态水
　50毫升
性感苦味酒或其他苦味酒
　5滴

大葡萄酒杯

调制
在冰柜中以−18℃冰冻金酒。将大葡萄酒杯冲洗干净，加入适量冰块。把融化了的水倒出并在杯中加入5滴苦味酒。摇晃酒杯直到内壁完全被浸润。到了这一步，我建议可以深深地闻一闻酒杯内部。倒入冰冻的金酒，再次摇晃浸润，同样闻一下气味。加入冰冻的水，畅快享用。

在烈酒中加水是检验
酒质量的最好方式。

法国戴西（FRENCH DAISY）

戴西酒是酸酒的一款变体，出现在大约19世纪中叶。它与加入苏打的费兹（Fizz）和柯林斯（Collins）同为当时三款最流行的饮料。"复古式"戴西酒首次出现在杰瑞·托马斯1876年的作品中。其成分含气泡水和柠檬，称为甘露酒，盛放在含有一点苏打水的小杯中。接下来普遍使用大的酒杯，原先的利口酒也被替换为戈迪糖浆（gaudy syrups），并配以果盘装饰。这是一款不错的饮料，值得重新调制。

配方

干邑V.S.O.P. 60毫升
黄色修道院酒 20毫升
新鲜柠檬汁 20毫升
苦艾酒，如绿都兰苦艾酒
　1吧匙
糖浆（见158页）1吧匙
苏打水 适量
新鲜薄荷
柠檬水 一小块
应季水果

大葡萄酒杯

调制

除了苏打水，在调酒杯中加入碎冰搅拌所有配料。在葡萄酒杯中放满碎冰后将饮料过滤，最后倒入少量苏打水。如有必要，可在杯中加入碎冰直至达到杯壁边缘。用一小株薄荷，一小块柠檬和一些应季水果进行装饰。

用吸管饮用此款饮料较为合适，能够喝到碎冰。如果是其他类型的饮料，则不应该使用吸管。

古典鸡尾酒（OLD FASHIONED）

虽然制作方法简单，但如若调制得当，这款饮料不失为一款佳酿，也是调酒师们的心头好。直到19世纪前，古典酒都未在饮料单上出现过，但在鸡尾酒首次被提及的1806年报刊文章《口味平衡与哥伦比亚资源库》（*The Balance and Columbian Repository*）中，有着与其极为相似的版本。一封来自读者的信中记载道："鸡尾酒，是一种带有刺激性的液体饮料，由各种烈性酒、糖和苦味酒组成……"你可以使用任何高质量的烈性酒来调制这款饮品，并使用你自己的独家配方来作为添加物制作出各种版本的饮品。

配方
方糖　1块
安格斯图拉苦味酒　少许
波旁威士忌或黑麦威士忌
　60毫升
橙皮扭条加香　1片

古典杯

调制
将方糖浸在苦味酒中，倒入酒杯。倒入威士忌并使用勺子把糖压碎直到融化。在杯中加满冰，搅拌直至冰稍微融化。接着再次加入冰，再次搅拌，不断重复，直到杯中的液体距离杯口仅有1厘米，挤压橙皮加香。

无论在任何情况下，都不要使用樱桃或其他水果来搭配古典酒，这不是水果沙拉。

撒迦利亚（ZACHARIAS）

使用你最喜爱的麦芽威士忌来制作这款具有美妙水果味的古典酒。用手工制作的啤酒麦芽糖浆作为甜味剂，能够完美地配合任何一种麦芽的味道。该款饮料在味觉上强烈的麦芽香气与唇齿间丰富的泡沫相互调和，能够给人带来难以置信的美妙感受。

配方

单一麦芽威士忌　50毫升

麦芽啤酒糖浆（见160页）
　1茶匙

性感苦味酒　2滴

甜橙奶泡（见162页）

古典杯

调制

把威士忌、糖浆和苦味酒倒入酒杯中，轻轻搅拌。加入冰块搅拌，直到产生冰块融水且逐渐浸润杯子。加入更多的冰并持续搅拌，直至冰块和液体混合后大约与杯口边缘相差一个手指的宽度。最后在顶部喷上泡沫并微笑着为顾客服务。

尝试不同的单一麦芽，可以体会到这款鸡尾酒丰富多变的口感。

肮脏的老混蛋（DIRTY OLD BASTARD）

这款"肮脏的老混蛋"是古典鸡尾酒的一种变体，其酒如名，浓烈，带有烟熏、辛辣味。我的这款充满男性化特征的鸡尾酒变体有着时间长和口感锋利的特点。烟熏味威士忌、正山小种红茶糖浆、苦味酒甜辣的味道加上少许辣椒，搭配得天衣无缝。出品时最好搭配一杯冰水。

配方
红辣椒或是辣椒酱　1小块
正山小种红茶糖浆（见159
　页）　2茶匙
性感苦味酒　几滴
阿德贝哥10年单一麦芽威士
　忌　50毫升

古典杯

调制
把辣椒放在酒杯中轻轻挤压。如果使用的是辣椒酱，则在杯底挤上1厘米长度。倒入红茶糖浆和少许苦味酒并搅拌，添加威士忌后再次搅拌。接下来，慢慢加入冰块，持续搅拌，添加冰块和饮料到杯口。

用橡木碎块熏制正山小种红茶，这使得它成为来自艾雷岛的单一麦芽威士忌的完美搭档。

碧齐迈尔（THE BICHLMAIER）

　　我们的头牌调酒师马克西米兰·希尔德布兰特创造了这款古典鸡尾酒的变体，或是传奇性的帕多瓦尼。他的这款发明使用了手工制作的接骨木花糖浆，一般高品质的店出售的糖浆也同样适合。齐侯门这款年轻、芳香和浓烈的艾雷岛单一麦芽威士忌能够给这款饮料制造出独特的泥炭和烟熏感，与洋甘菊苦味酒完美组合（见15页）。实在是一款复杂且浓烈的饮品。

配方
布利特黑麦威士忌
　　50毫升
接骨木花糖浆（见159页）
　　20毫升
OK滴剂　3滴
单一麦芽威士忌，如齐侯门
　　1滴

古典杯

调制
　　使用长柄吧匙，以手工雕刻冰球（球形冰块）或大块冰块搅拌黑麦威士忌、糖浆和OK滴剂1分钟。加入少量单一麦芽威士忌后出品。你还可以使用其他浓烈、带有泥炭和烟熏味的麦芽威士忌来替代齐侯门。

融水给口感增加了复杂性和黏度，使该款饮料的调配更加利于香气和风味的感知。

香草宾治（VANILLA PUNCH）

这款鸡尾酒同样能在杰瑞·托马斯1862年的作品中看到。为了加强香草的风味，我加入了较原版更多的香草利口酒。你也可以使用手工制作的香草糖浆来代替，因为这款饮料是非常容易调配的。

配方

干邑V.S.O.P　50毫升

新鲜柠檬汁　30毫升

香草利口酒，如马达加斯加
　　吉发得香甜酒　2茶匙

香草糖浆　2吧匙

小大口杯

调制

在调酒壶中加入固体冰块并大力摇晃混合所有成分，过滤至一个装有碎冰的平底无脚酒杯中，在顶部再次加入一些碎冰。可根据个人口味偏好，选择使用小块香草豆荚装饰。

香草糖浆

配方

糖浆（见158页）　1升

高质量的香草豆荚　3个

调制

把糖浆倒进一个瓶子里，将香草豆荚切条放入瓶中，储存在一个阴凉避光的地方，24小时后糖浆即可使用。

香草糖

配方

糖霜　500克

高质量的香草豆荚　2个

调制

将糖霜放在装有两个切开的香草豆荚的罐子里，密封盖子。将其放置两天充分入味，在放置期间，可以不时摇晃促进入味。

老麦卡锡（OLD MCCARTHY）

　　来源于所有曼哈顿的粉丝：这是城中的另一位明星！几乎再难有一个经典能够产生如此多的故事和变体。有一件事可以确定，曼哈顿首次出现，是在19世纪末纽约城中灯光昏暗的酒吧里。另一些人则说，它第一次被点是在1874年的纽约酒吧里，首位顾客是未来英国首相的母亲简妮·丘吉尔。我想，这就是苦艾酒鸡尾酒流行的一个简单版本，其中使用了大量威士忌来搭配。

配方
布利特黑麦威士忌
　　40毫升
卡帕诺安蒂卡苦艾酒
　　20毫升
黄色修道院酒　20毫升
李子白兰地　20毫升
橙皮挤压加香　一块

鸡尾酒杯

调制
在调酒杯中加入所有原料和大量冰块，搅拌10～15秒，然后过滤到一个提前预冷的鸡尾酒杯中。添加一些橙皮，增加气味和口味即可。

苦艾酒一旦开封，需要冷藏并且尽快用完，开封后不能长期保存。

玉米和油（CORN 'N'OIL）

巴巴多斯和牙买加的人民特别喜欢这款浓烈芳香的朗姆酒饮品。它类似于流行在加勒比海地区的小型击打酒，是一款由白朗姆酒、新鲜青柠和糖简单与冰混合后倒入小广口杯里的饮品。玉米和油的名称是由法勒诺姆糖浆的油质持久性而得。当你制作这款饮品时，糖浆会遍及冰块。你可以自己调整甜味的轻重。有些人甚至会将朗姆酒和糖浆以1：2的比例混合。这款饮品，使用1~2个新鲜青柠制作，具有苦味酒的香气，口感层次丰富。

配方
法勒诺姆（见158页）1餐匙
黑朗姆酒　50毫升
新鲜青柠汁　1餐匙
性感苦味酒或其他苦味酒
　（见156页）　2滴
新鲜青柠　1~2个

大平底无脚酒杯

调制
将大冰块放置在大平底无脚酒杯中，倒入法勒诺姆覆盖冰块。接着加入朗姆酒、青柠汁和苦味酒，搅拌直至冰凉。最后，在杯口用1~2个青柠加香。

毫无疑问，比起凯匹林纳鸡尾酒，这个巴西的国民鸡尾酒——佩蒂特宾治鸡尾酒是一款更合适的替代品。

王牌时间玛格丽特
（RUFFTIME MARGARITA）

据考证，玛格丽特这款备受喜爱的鸡尾酒首次出现是在1937年的《咖啡馆皇家鸡尾酒全书》（*Café Royal Cocktail Book*）中，被命名为"斗牛士"。但在我看来，其原型基本上是当时流行的龙舌兰酒"戴西"。在我看来，梅斯卡尔龙舌兰酒给了这个配方更深层次的口感和些许烟熏味。此外，橙味库拉索酒和龙舌兰糖浆进一步提供了有趣且更为广泛的甜味。后期的版本则是由肉桂和盐混合。

配方
肉桂　1吧匙
海盐，如结晶盐花　1吧匙
有机青柠　1个
梅斯卡尔龙舌兰酒
　60毫升
新鲜青柠汁　30毫升
龙舌兰糖浆　20毫升
橙味库拉索酒　1茶匙

鸡尾酒杯

调制
把肉桂和盐混合在一个钵里。切开青柠，慢慢挤出青柠汁，以切口湿润鸡尾酒杯的杯口边缘。用盐和肉桂的混合物上霜，以此制造出精致的外表。使用调酒壶使劲摇晃加入固体冰块的所有原料，过滤，倒入酒杯中。

使用龙舌兰糖浆来替代橙味库拉索酒更适合糖尿病患者饮用。

卡斯特法拉伊（CRUSTAFARAI）

　　安东·奥斯丁，这位黄金酒吧的大师想出了这款极具创意的鸡尾酒，而他灵感的来源是查理斯·H·贝克的《绅士的好伙伴》(*The Gentleman's Companion*)。卡斯特是一款为各种带有香料成分酒精和以厚糖装饰杯口边缘的搭配多种水果的饮品，曾经是每一款优质饮料必不可少的成分。作为一种令人耳目一新的混合饮品，非常受欢迎，白天夜晚均可饮用。卡斯特法拉伊具有牙买加风情，因此我们从岛上又找到了一款非常著名、清爽和可靠的混合朗姆酒。

配方

有机青柠　1个
细白砂糖
美雅士朗姆酒　60毫升
新鲜青柠汁　30毫升
法勒诺姆（见158页）2茶匙
路萨朵经典意大利樱桃酒
　1茶匙
斯通的姜汁葡萄酒　1茶匙
性感苦味酒　3滴

大白兰地球形酒杯或平底无脚酒杯

调制

削青柠，得到一长条的青柠皮。切开果肉并以切口湿润杯壁，接着将其与细砂糖混合，上霜，约2cm宽。以青柠皮铺满瓶子内部，再用冰块填满。将所有原料放入调酒壶，添加少许固体冰块，大力摇混。最后将饮品过滤至杯中出品。

拉斯塔钉（RASTA NAIL）

这个简单的变体来自著名的鸡尾酒——锈钉，在初始版本中，由苏格兰威士忌和杜林标（一种加入草药和蜂蜜的苏格兰威士忌）组成。对我而言，每一款饮品的构成基本上需要两种高品质的原材料——不能是花哨的修饰和装点，而必须是实实在在的成分。我并未使用咖啡利口酒，而是使用了龙舌兰咖啡酒作为原料。它更为芳香，有着迷人的深层次口感，并且尝起来像清新、品质上乘的咖啡。相比起利口酒，这种每升至少使用了200克糖的饮品，它仅使用了少许冰糖糖浆作为甜味剂。

配方
黑熟牙买加朗姆酒 40毫升
手工制作龙舌兰咖啡酒或添万力咖啡利口酒 30毫升

调制
将原料倒入放有大冰块的酒杯中搅混出品。

古典杯

手工制作龙舌兰咖啡

配方
咖啡，新鲜现磨，100%由危地马拉或墨西哥进口 80克
龙舌兰酒（700毫升） 1瓶
冰糖糖浆（见160页） 20 ~ 40毫升

调制
把咖啡倒进一个冰滴壶（见12页），用龙舌兰酒混合。将瓶中剩下的液体倒入壶中，将滴速设置为两秒一滴。24小时后加入冰糖糖浆（依口味适量添加）。

黄色斯马喜（YELLOW SMASH）

"斯马喜"是一款类别古老的饮品，与酸酒相关。它是使用烈性酒、新鲜香草、酸甜混合物制成的，制作时需要摇晃过滤，倒入加冰的古典杯或不加冰的雪利酒杯中。为了确保几片小香草叶的风味不被遮盖，要使用双重过滤或精度过滤技术（见26页）。如果将这款饮料加冰制作，你还可以将酒中所用香草原料的一枝或小花束来装饰。

配方
黄色修道院酒　60毫升
新鲜薄荷叶　1把
新鲜青柠汁　30毫升
橙味库拉索酒　2滴
糖浆（见158页）　2滴
以新鲜薄荷装饰

古典杯

调制
在调酒壶中加入固体冰后倒入所有原料，使劲摇晃大约15秒，细滤至酒杯中，加满碎冰，以一小束薄荷作为装饰。

在使用香草前，揉碎它们（见110页），使之释放出需要的精油成分。

树莓朗姆斯马喜
（RASPBERRY RUM SMASH）

　　我们的斯马喜版本具有新鲜的覆盆子果泥，在黄金酒吧中特别受到女性顾客的欢迎，尤其在添加了揉碎的香草后风味更加浓郁。方法是使用你的手掌来揉搓拍打薄荷叶。空气压力会使叶片中的毛细管张开，释放出所需的精油，增加了香草的气味和风味。如需要用香草进行装饰，你需要一双灵巧的手，慢慢地给叶片塑形，达到自己想要的效果。

配方
黑朗姆酒　50毫升
香博树莓利口酒　2茶匙
新鲜薄荷叶　1把
新鲜柠檬汁　30毫升
新鲜覆盆子果泥　30毫升
覆盆子糖浆（见159页）
　20毫升
以新鲜薄荷装饰

古典杯

调制
　　在调酒壶中加入固体冰后倒入所有原料，使劲摇混大约15秒，双重过滤至酒杯中，加满碎冰，以一小束薄荷作为装饰。

阿德贝哥朱丽浦（ARDBEG JULEP）

朱丽浦是鸡尾酒历史中最为古老的饮料之一，大约出现在18世纪的美国南部诸州，以美国威士忌或白兰地作为基酒，常在早餐后饮用。这款口感醇厚的版本是由泥炭艾雷岛单一麦芽威士忌制作的，显然不适合早晨饮用。尽管如此，它具有的不可思议的清新口感和薰衣草气息，会让你感觉到仿佛在环游世界。

配方

阿德贝哥10号单一麦芽威士
　　忌　60毫升
糖浆（见158页）　2茶匙
新鲜薄荷叶　1把
开花的薰衣草用以装饰，晒
　　干或新鲜的均可

银酒杯或广口量杯

调制

在银酒杯或广口量杯中把威士忌和糖浆与揉碎的薄荷叶一起搅拌（见110页）。

用碎冰加满顶部，使劲搅拌，以产生融水，冷却饮品。再在顶部加入碎冰，以一小束开花的薰衣草作为装饰，插入吸管出品。

将吸管修剪得足够短，直到饮用此款鸡尾酒时你的鼻子可以感受到来自香草的香气。

巧克力鸡尾酒
（CHOCOLATE COCKTAIL）

　　哈里·约翰逊的美味配方，可以在他的1900年的《调酒师手册》（*Bartender's Manual*）中找到。这本书是鸡尾酒历史上最重要的作品之一，可以看到100年以前，一批具有创造性的鸡尾酒是如何产生的。哈里·约翰逊来自德国，在纽约城中从事调酒师的工作。他的许多鸡尾酒都使用了黄色修道院酒作为甜味来源：好家伙！以下的配方是真正的甜味鸡尾酒，并且也非常适合作为甜点。

配方
晚装瓶波特酒　40毫升
黄色修道院酒　40毫升
新鲜蛋黄　1个
可可粉　1吧匙
以肉豆蔻装饰

鸡尾酒杯

调制
　　在调酒壶中加入固体冰后大力摇混所有原料10～15秒，双重过滤到一个预先冷冻过的鸡尾酒杯中，撒上一把肉豆蔻并快速地一饮而尽。

肉豆蔻是鸡尾酒中最古老的搭配之一：物美价廉、香味浓郁，若高剂量易使人感到醉意，同时也要注意它的毒性。

血腥艺伎（BLOODY GEISHA）

在20世纪初期，在哈里巴黎的纽约酒吧中，血腥玛丽仍以"红鲷鱼"的名声为人所知。但它已经在杯中根据经典版本混合了金酒，伍斯特郡酱，塔巴斯科辣椒酱，芹菜籽盐和少许柠檬汁。无论是玛丽还是艺伎——需要注意的就是不要使用过多的酒精或是过度稀释混合物。对于"红鲷鱼"，我用了20~30毫升的金酒来制作饮品，搭配冰冻好的原材料，在一个不加任何冰的预先冰冻酒杯中调制。一个非常美味的替代配方，是以梅斯卡尔酒（见16页）、烘烤青柠汁（见54页）和辣椒酱制作的鸡胸玛丽。在黄金酒吧，我们也会搭配帕尔玛火腿酥来提供这款鸡尾酒。

配方
纯米大吟酿清酒　40毫升
品质上乘的番茄汁
　140毫升
新鲜青柠挤压加香　1个
木桶装陈年酱油　2滴
青丝芥末（新鲜芥末泥）
　1~2吧匙
海盐，如结晶盐花　少量
以新鲜黑胡椒粉点缀
　一小把

小量杯

调制
使用预冷的小量杯，将原料放入调酒壶中。从一个调酒壶中倒入另一个装满并且覆盖有鸡尾酒过滤网的调酒壶中，来回摇晃各种原料3~4次，这个技术称为"抛接法"。也可以加入少许冰块，慢慢搅拌所有原料十几秒。过滤至酒杯中，以少许胡椒粉作为装饰。

一款理想的醒酒饮品：
含有维生素、蛋白质和
电解质，有助于让你
清醒。

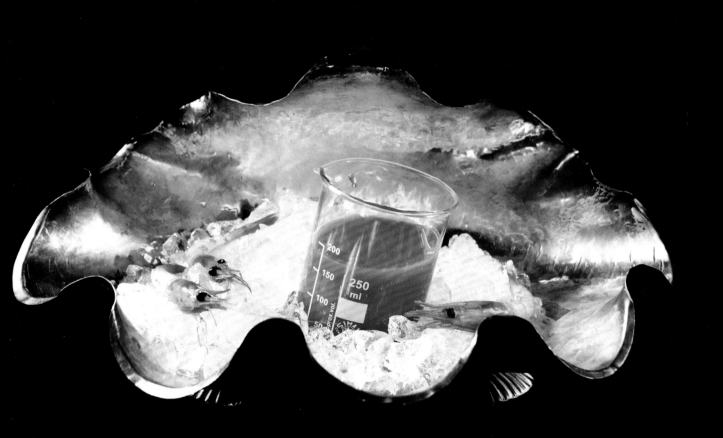

配方

非凡 **与** 卓越

——独特品位的鸡尾酒

艺术之家鸡尾酒
（HAUS DER KUNST COCKTAIL）

这是我自己创造的。我所致力于的Haus der Kunst（"艺术之家"），是位于慕尼黑博物馆里的酒吧。由于弗洛里安·苏斯马尔的努力，现代艺术转型作品吧提供了对比强烈非常经典的博物馆空间。这也是饮料应该采用的，它是由一款香槟鸡尾酒——法国75，与金酒、糖和柠檬调制而成的，这款酒是由哈里·格拉多克在1930在名为《萨瓦鸡尾酒》（*The Savoy Cocktail Book*）的书中首次提到。这款酒装在古典鸡尾酒杯里，酒里漂着大冰块，上面顶着一层金汤力泡沫。

配方
添加利10号金酒　50毫升
鲜柠檬汁　30毫升
糖粉　2吧匙
巴黎之花特级干型香槟
金汤力泡沫（见162页）
金巴利粉末（见160页）

古典杯

调制
用冰块将金酒、柠檬汁和糖一起用力搅拌，倒入一个装满冰块的古典杯里。顶上加一点香槟，喷在金汤力泡沫上，用少许金巴利粉末装饰。

泡沫可以在瞬间形成，达到惊人效果的同时，重新诠释经典饮品的创作。

皇家洋甘菊茶（ROYAL CAMOMILE TEA）

　　一点点花边装饰，像是用花外衣装点着曾经熟悉的"莫吉托"。洋甘菊糖浆可以在瞬间让这个特殊的饮品很容易准备。更重要的是，你可以轻而易举地使用香草制作的糖浆、水果或者你自己选择的香料来装点这款饮料。通常"莫吉托"上面要加满苏打——用香槟给它一个"皇室"升级。

配方
白哈瓦那俱乐部3年藏朗姆
　　酒　50毫升
鲜柠檬汁　30毫升
洋甘菊糖浆（见159页）
　　20毫升
OK滴剂（见15页）　2滴
巴黎之花特级干型香槟
洋甘菊干花瓣

长饮杯

调制
把除了香槟和鲜花的所有原料放在一个长饮杯里搅拌。装满冰，倒上香槟，添加洋甘菊花瓣，轻轻地搅拌一次，出品。

　　OK滴剂是用洋甘菊花提炼的芳香苦味剂，可在商店或网上购买。

甜菜吉姆莱特（BEETROOT GIMLET）

  吉姆莱特是另一款经典的鸡尾酒，基本上所有酒吧都供应。由等量的青柠汁和金酒结合而创建的一款果味鲜饮品，我喜欢用少许柠檬汁并只用金酒调味。这款鸡尾酒有无数口味极佳的配方，如来自美国的杰佛里·摩根塔勒的里士满·吉姆雷特。这里是我自己的配方：甜菜和淡淡的巧克力味。

配方

有机青柠 1个
可可粉 适量
甜菜根片冰滴（见163页）
 50毫升
青柠汁甜饮料（见159页）
 30毫升

鸡尾酒杯

调制

  用切开的青柠表面湿润鸡尾酒杯，然后从上往下倒入可可粉，以便于在玻璃杯四周形成一层精致的巧克力霜。将剩下的原料与大冰块在调酒杯中搅拌，滤入鸡尾酒杯出品。

要查询更多的组合配方，可以登录www.foodpairing.com.

温柔的罪犯（SMOOTH CRIMINAL）

　　很强大，但容易下口——这样的组合使一杯鸡尾酒名副其实。新鲜菠萝块是成功的关键，因为它给鸡尾酒增添一种持久的柔滑感。用菠萝汁作为替代品，真的是"犯罪"。

配方

新鲜菠萝（2cm×2cm×2cm） 1块

布利特黑麦威士忌 50毫升

橙味库拉索酒 2茶匙

路萨朵经典意大利樱桃酒 1茶匙

糖浆（见158页） 1茶匙

安格斯图拉苦味酒 1滴

巴黎之花特级干型香槟

鸡尾酒杯或银酒杯

调制

用搅拌棒轻轻按压菠萝块，加入所有其他原料和固体冰，用力摇混。两次滤入鸡尾酒杯或者银酒杯中，然后加满香槟酒出品。

意大利樱桃酒是调酒师的
绝地力量，但你必须知道
如何使用它。

血与砂（BLOOD AND SAND）

　　以鲁道夫·瓦伦蒂诺1922年拍摄的电影《血与砂》命名，这款鸡尾酒已经成为一个永恒的经典。它是一个对原汁原味的巨大变种，强烈地表达了黄金酒吧的方法和理念。这款鸡尾酒的基本成分是混合威士忌、红色苦艾酒、樱桃利口酒和橙汁。将果汁转动到奶油中，使它变成浅橙色奶油。然后把它放到鸡尾酒的上面。全新的口感，让你在唇齿间留下清凉的泡沫。

配方

混合苏格兰威士忌
　　30毫升
卡帕诺安蒂卡苦艾酒
　　30毫升
樱桃利口酒，比如亨瑞樱桃
　　甜酒　30毫升
甜橙奶泡（见162页）

古典杯

调制

　　把混合苏格兰威士忌、苦艾酒和樱桃利口酒倒入一个古典杯中，加入大冰块搅混，顶部饰以甜橙奶泡后出品。

我的巴克和布瑞克
（MY BUCK AND BRECK）

布坎南和布雷肯里奇可能是美国历史上最成功的国家队之一，他们还留下了一个积极的影响：作为一款经典的同名鸡尾酒和我在柏林绝对最喜欢的酒吧，我认为这才是世界上最优秀的。虽然我对原有的鸡尾酒有绝对的尊重，但是我也允许自己做出一点点改变。我用脱了水的绿色荨麻利口酒粉末代替了糖粉，我将它涂抹在杯子四周围形成一个甲壳状，这意味着每一口都能品尝到甜蜜的甲壳混合其余成分的味道。

配方
苦艾酒喷雾器（例如，内装
　绿都兰苦艾酒）　1个
修道院酒粉末（见160页）
干邑V.S.O.P　20毫升
巴黎之花特级干型香槟

银酒杯

调制
用喷雾器装入一点点苦艾酒把酒杯的外部边缘喷湿润，然后撒上一些大约1cm宽的修道院酒粉末。再用苦艾酒喷入银酒杯，倒入干邑V.S.O.P，最后用香槟酒小心加满酒杯出品。

一个简单的棉花糖机可以把修道院酒粉末做成棉花糖，装饰在饮品上面。

荨麻茶（NETTLE TEA）

要制作香槟鸡尾酒，你应该在滤入之前喷入一点香槟酒到调酒壶中，这会使饮品更均匀，并且在倒酒时也不会产生泡沫。

配方

荨麻水滴（见163页）20毫升
鲜柠檬汁　2茶匙
蜂蜜水（见160页）2茶匙
巴黎之花特级干型香槟

香槟杯

调制

把除香槟以外的所有原料加入调酒壶，加入冰块，用力摇混。然后把酒液两次过滤倒入香槟杯中，加满香槟（见图右）。

皇家卡莱米娄（CARAMELLOW ROYAL）

这个酒谱里的生姜片可以很容易地用烤箱制备。

配方

生姜片　1片
香草利口酒，例如马达加斯
　加吉发得香甜酒　1茶匙
巴黎之花特级干型香槟

香槟杯

调制

将生姜片放入玻璃杯中，倒入香草利口酒。小心地加满香槟，你就完成了。

生姜片的制备：把削好皮的生姜切下2毫米厚的1片，撒上糖腌制2小时，放入烤箱用160℃烤脆（见图左）。

竹鹤柚子（**YUZU TAKETSURU**）

竹鹤政孝是日本第一位学习如何酿制苏格兰威士忌的人。他带回了在20世纪20年代获得的知识，培养和完善了他的酿造技能，创造了他自己特有的国际公认的风格：日本威士忌。日高（Nikka）是竹鹤开设的日本第一家酿酒厂，它生产的"余市威士忌樽出原酒"气味浓烈芬芳——正是该配方所要求的。

配方
柚子清酒　20毫升
日本产"余市威士忌樽出原酒"　50毫升
新鲜薄荷叶　一小把
鲜柠檬汁　1餐匙
鲜青柠汁　1餐匙
糖　2吧匙
鸡蛋蛋清　1个
新鲜薄荷叶用作装饰

古典杯

调制
在调酒器中加入所有成分和冰块，用力摇混，然后滤入盛有碎冰的玻璃杯中。最后用手掌轻轻揉擦薄荷叶，然后装饰在饮品上（见110页）。

也可以在亚洲食品店买到薄荷叶。

皇家芙蓉金费兹
（ROYAL HIBISCUS GIN FIZZ）

费兹家族是需要被清晰定义的。费兹其实是一种酒，或甜或酸，喷上一点苏打水。如果要想给它的名字增添一点"银色"的话，调酒师会在配方里增加一个蛋清。"金费兹"需要一个蛋黄，而"皇家费兹"需要一整个鸡蛋。这就给这款饮品赋予了柔滑的质地，而蛋清也使它戴上了一个美丽的泡沫王冠。如果把糖换成烈性酒，那么它就变成了"费克斯"。"皇室芙蓉"是一个令人难以置信的诱人组合，其特征是把冰块装入长饮杯，并且一次性地倒入芙蓉花冰滴干果味酒。

配方
芙蓉花冰滴（见163页） 50毫升
鲜柠檬汁 1餐匙
鲜酸橙汁 1餐匙
糖 2吧匙
鸡蛋 1个
加满用苏打水
干芙蓉花用作装饰

长饮杯

调制
将除了苏打水之外的所有成分装入调酒器中，加入冰块摇动至少15秒，然后滤入装满冰块的长饮杯中。加满苏打水，再点缀一些漂亮的芙蓉花即可。

如果用金酒调制，这种饮品也非常迷人（见162页）。

热奶油椰汁朗姆酒
（HOT BUTTERED COCONUT RUM）

热奶油朗姆酒是一款经典的冬天里药用的宠儿。朱利安·让瑞森曾在黄金酒吧做过调酒师,现在可以在伦敦著名的快乐的失忆酒吧里找到他。他创造了这款真正有趣的鸡尾酒，远远比原创更精细、更特别的一款酒。

配方
香蕉朗姆酒（见162页）
　40毫升
性感苦味酒　2滴
法勒诺姆（见158页）　1餐匙
有机椰汁　100毫升
香料黄油（见160页）
一个肉桂棒作装饰

小量杯

调制
小号平底锅，倒入香蕉朗姆酒、性感苦味酒、法勒诺姆利口酒和椰汁，60～70℃的温度加热，倒入小量杯中。鸡尾酒上面加上一片五香酱，配肉桂棒装饰。

意大利浓咖啡机器的
蒸汽喷嘴，可以让你在
瞬间加热饮料。

阿尔皮栀子（ARPI GARDENIA）

这款令人惊心动魄的鸡尾酒来自我们的调酒师阿帕德·里克哈兹，他诠释了雏菊和新鲜香草的完美结合。

配方

干邑V.S.O.P.　50毫升
鲜柠檬汁　30毫升
干型橙味库拉索酒　2茶匙
糖浆（见158页）　2茶匙
栀子花酱（见160页）　2吧匙
苏打水
鲜龙蒿叶　1把

鸡尾酒杯

调制

在调酒壶中加入除苏打水和香草以外的所有成分，放入冰块用力摇动，然后双层滤入装满碎冰的酒杯中。加入少量的苏打水，重新填充碎冰块。揉擦龙蒿叶（见110页），然后添加到饮料中心位置作为装饰。插上吸管出品（见图左）。

药剂师（PHARMACY）

我们的顶级调酒师丹尼斯·里希特把各种口味浓烈的烈性酒和以辛辣口感著称的各种经典助消化饮品结合得特别好，配制成了这款"药剂师"。

配方

薄荷利口酒，比如布兰卡·门塔
　　20毫升
亚玛·匹康苦味利口酒
　　20毫升
朗姆酒，比如储斯甜椒味利口酒
　　20毫升
晚装瓶波特酒　20毫升

鸡尾酒杯

调制

在调酒杯中加入所有成分，加入大冰块，搅拌片刻，滤入预冷的鸡尾酒杯（见图右）中。

金特金斯2号（GINTELLIGENCE NO.2）

　　这款饮料暖意十足，与其说是鸡尾酒，不如说是药。洋甘菊可以舒缓和放松肌肉，而接骨木花可以净化和激活身体。在冬天的时候特别适合饮用这款鸡尾酒——当你从寒冷的户外进来，或者你开始感冒的时候，它就是你的完美"安眠剂"。

配方

瓶装极品干汤力水，比如黄
　金摩纳哥　200毫升
添加利10号杜松子酒
　50毫升
接骨木花糖浆（见159页）
　2茶匙
洋甘菊茶包　1个

银壶和小茶杯或银酒杯

调制

　　用热水将壶和杯子预热。用平底锅或意大利浓咖啡机的蒸汽喷嘴加热开水，使它处于沸腾状态。把锅里水倒空。加入杜松子酒和糖浆，把茶叶袋放在里面，倒入汤力水。把盖子盖上，然后放置几分钟。用小茶杯或银酒杯出品。

　　我推荐使用黄金摩纳哥极品干汤力水，因为它只有其他许多品牌一半的含糖量。

二百（TWO HUNDRED）

在GQ杂志发行第二百版之际，我创制了这款名为"二百"的鸡尾酒。这款鸡尾酒改编自以第一次世界大战后的法国大炮命名的著名经典鸡尾酒"法兰西75"，它无疑也得益于其强大的"穿透力"。

配方
有机青柠　1个
芙蓉花糖（见160页）
手工黑刺李金酒
　　（见162页）　30毫升
鲜青柠汁　20毫升
糖浆（见158页）　1餐匙
巴黎之花特级干型香槟

香槟杯

调制
用切开的青柠表面湿润杯子的边缘，倒入芙蓉花糖，形成一层薄薄的霜壳。在调酒壶里加入青柠汁、金酒、糖浆和冰块，用力摇动，打开调酒壶后，喷上少量香槟，滤入香槟杯中，再用香槟加满酒杯出品。

制作一个真正细腻的外壳。在香槟杯里从上往下喷入适量的酒，在转动时再撒上糖。

特布拉拉萨（TABULA RASA）

    当杰塞普·金巴利第一次在米兰调制了颇受欢迎的开胃酒"尼格罗尼"时，这款鸡尾酒被称为米兰都灵，由于它在美国游客中大受欢迎，很快就被改名为阿美利加诺。阿美利加诺是用红苦艾酒和金巴利开胃酒再加一点点苏打调制而成。在调制"尼格罗尼"时，用金酒代替苏打。而"尼格罗尼准没错"（被混合了的"尼格罗尼"）则是由另一位米兰的调酒师在无意中把金酒换成了普罗塞克倒入"尼格罗尼"中而发明的。无论你选择哪一个配方或是我的配方：这都是夏季的一款一流的开胃酒！

配方
巧克力酒或者巧克力利口
  酒，比如莫扎特利口酒
  30毫升
金巴利开胃酒　20毫升
卡帕诺安蒂卡苦艾酒
  20毫升
甜橙奶泡（见162页）
金巴利开胃酒粉末（见160页）

古典杯

调制
    在古典杯中加入金巴利开胃酒、苦艾酒和一些冰块搅拌。喷上一指宽的甜橙奶泡，最后再用一些金巴利开胃酒粉末装饰。

    作为派对饮品，阿美利加诺可以用苏打水吸管预先充入碳酸（见64页）。冷却3小时，然后和一些冰一起倒入鸡尾酒杯中。

146

克雷默的早餐（KRAMER'S BREAKFAST）

这一款早餐改自丰盛的苏格兰早餐，就是为了纪念我们以前的一位同事克劳迪亚斯·克雷默·布鲁登杰克，他更喜欢在晚上享受这份大餐而不是早晨，因此我也想把它推荐给你。

配方

麦芽烘焙谷物　15份

阿拉比卡咖啡豆　3份

威士忌，比如格兰威特

　　50毫升

龙舌兰咖啡酒（见163页）

　1餐匙

栀子花酱（见160页）　2吧匙

甲级枫糖浆　1吧匙

鸡蛋黄　1个

鸡尾酒杯

调制

用搅拌棒粉碎麦芽和咖啡豆，加入所有其他成分。加入一些冰块，用力摇混，经两次过滤后倒入预冷的鸡尾酒杯中（见图左），最后佐以美味的涂抹了栀子花酱的烤白面包和烘焙过的麦芽谷物。

郊区（SUBURBIA）

这是由我们的前调酒师奥利弗·冯·卡纳普创制的一款完美的、简单而时尚的美味组合。

配方

杏子白兰地

晚装瓶波特酒　40毫升

波旁威士忌　30毫升

性感苦味酒　3滴

樱桃利口酒，比如路萨朵经

　典意大利樱桃酒　2吧匙

鸡尾酒杯

调制

倒一些杏子白兰地到雾化器里，然后把酒喷到鸡尾酒杯里。把所有其他成分放入调酒杯中，加入冰块搅拌片刻，倒入鸡尾酒杯中出品（见图右）。

过滤器船长的种植园宾治（CAPTAIN STRAINER'S PLANTATION PUNCH）

我推荐提基碗，不仅仅是因为它在任何一个鸡尾酒会上都能大放异彩，给人留下深刻印象。更重要的是，它能立刻让你的客人拥有一份好心情。调制时最好不要用特别精确的计量工具，使用一个约200毫升的杯子作为量杯就足够了。根据人们的口渴程度，10～20人将瞬间充分享受到我的调配。

配方
用熟西番莲果制成的西番
　莲果肉酱　5茶杯
朗姆酒，比如哈瓦那俱乐部
　臻选（700毫升）　1瓶
极品陈年朗姆酒，比如哈
　瓦那俱乐部珍藏7年（700
　毫升）　2瓶
鲜青柠汁　2茶杯
鲜菠萝汁　5茶杯
姜汁啤酒（见42页）
　3茶杯
蜂蜜水（见160页）
　½茶杯
自制红石榴糖浆（见159页）
　1茶杯
法勒诺姆（见158页）
　½茶杯
青柠汁甜饮料（见159页）
　3茶杯
性感苦味酒　33滴
新鲜花瓣用于装饰

调制
　准备好一个大碗，把一半的西番莲果刮出果肉。如果你喜欢，可以把两半西番莲果空壳洗干净作为小杯子喝饮料。为了保持饮料的清凉，你最好在碗里放一个大冰块或一些碎冰块，然后再倒入所有成分，搅拌即可。

**在室温下双手滚动
青柠，然后再把果汁挤出来，
这样你会得到更多的果汁。**

150

冰治碗

安格斯图拉棉花糖
（ANGOSTURA MARSHMALLOWS）

虽然这不是一款饮品，但是我也不能剥夺你知道配方的权利。我不想把它做成一款经典的香槟鸡尾酒，更乐意提供以下神一般的选择。安格斯图拉棉花糖，配上一杯冰凉的香槟，或者是仅仅把它作为欢迎你的客人的惊喜。更多有趣的棉花糖配方可以通过使用其他如性感苦味酒或北秀德樱桃苦味酒来替换安格斯图拉来实现。用这个配方调制成的棉花糖最佳食用味道在它调制好的第三天，这种棉花糖通常至少会保存1~2周的时间。

配方
糖粉　2餐匙，250克
玉米粉　2餐匙
叶明胶　20克
安格斯图拉苦味酒
　　50毫升
静态水　100毫升

调制
混合2餐匙糖粉和玉米粉。硅胶烘烤模具刷油，把两种粉的混合物倒至模具1⁄2的位置。用冷水软化叶明胶，加热安格斯图拉苦味酒和静态水（不要煮沸），然后加入叶明胶，加热至溶化。把做好的混合物加入到250克糖粉中搅拌，用电动搅拌器最高速搅拌到混合物略有黏性并且膨胀至约四倍的体积。把这个混合物放在烘焙模子里，然后在冰箱里放置一夜。次日，把混合物翻过来，拍上糖粉和玉米淀粉的混合物，然后再放置一天。切成小块，表面裹上糖粉即可。

安格斯图拉的口服疫苗：
治疗打嗝，用安格斯图拉苦味酒
浸泡这种方糖，然后再吮吸。

附录

基础配方 与 ABC酒

——基础原料的简单配方大全

加香苦味酒（AROMATIC BITTERS）

像许多其他的鸡尾酒成分，它很容易制成你专属的加香苦味酒。这是标准的苦味酒的配方，类似于经典的安格斯图拉苦味酒。

配方

紫檀粉　8克

金鸡纳树皮　16克

陈皮　4克

肉桂　3克

薰草豆　3克

八角　1克

丁香　1克

伏特加（40%）　900毫升

黑朗姆酒　100毫升

冰糖糖浆（见160页）

　50～100毫升

调制

在食物处理器中均匀磨碎树皮和香料，或用杵和臼捣碎它们，倒入700毫升伏特加。浸泡在一个密封的容器中14天（见163页），在用咖啡滤纸精细过滤之前，先用滤网大致过滤一下。通过咖啡滤纸的过滤，最后加入朗姆酒、200毫升的伏特加酒和冰糖糖浆(数量根据口味而定)，然后倒入小瓶子中，存放几周后，苦味将变得很均匀。

你可以添加或替换成分，
来调制你自己喜欢的苦味。

自制食材配方

在这个部分，你将找到本书中使用的自制食材的说明。糖浆虽然可以在一个小锅里制作，但你也可以尝试一下新技术，因为这将使你品尝到更美味的糖浆。

真空低温烹饪法

真空低温烹饪法不再是厨房的新奇技术，在制作糖浆时可以产生奇妙的效果。原料通过在真空袋和低温下的烹饪来保持它们原有的风味。此外，这种技术可以防止水果糖浆变得浑浊。如果你没有真空低温烹饪法，可以在60℃的洗碗机中烹制耐热真空袋。

压力下的快速注入

用"快速方法"将糖浆与草本或香料一起放入称为搅拌虹吸管的装置中，然后插入2个氧化氮气弹。氮溶解在液体中并渗透到细胞壁。仅仅1分钟后，你可以从虹吸管小心地释放气体。此时必须保持竖直，从而可以使氮气泡从原料的细胞壁排出，并使液体具有令人难以置信的味道。进而过滤，然后完成。

低温冷冻

用精致的、芳香的草本制得的糖浆，最好用草本填充真空袋并且向其中加入糖浆来制备。真空密封并在冰箱中保存过夜，然后除霜和过滤，结果是非常美味并带有迷人芳香。

糖浆

当我提及糖浆（单糖浆）时，一般指白糖与水的比例为1：1，例如500克糖与500毫升水。强糖浆（浓糖浆）比例为2：1，稀糖浆比例为1：2。

制备：将水和糖煮沸，直到糖完全溶解。然后冷却，倒入一个干净的瓶子里，并存入冰箱。糖浆也可以在不加热的情况下通过简单地将混合物留在室温下并用搅拌器搅拌来制备。30～60分钟后，糖浆会变澄清。你可以通过添加一餐匙伏特加来延长糖浆的保质期。正常的糖浆应该在冰箱里良好地保存一个月，加入伏特加后，它将延长达三个月。然而，在不加热的情况下制备的糖浆保质期较短。

法勒诺姆

法勒诺姆由朗姆酒和香料糖浆配制而成，对许多鸡尾酒饮品至关重要。

原料：1个肉桂棒，8个咖啡豆，4个豆蔻荚，6个多香果，2个八角，半个香豆（磨碎），¼肉豆蔻（磨碎），2个切碎的香草豆荚，1撮黑胡椒，200克剥皮的细切姜，2个有机柠檬和2个有机橙子皮，600毫升梅尔斯朗姆酒，600毫升水，

1千克糖。

调制：用杵和研钵研磨所有的香料，或用一个食品加工机加工。将香料、柑橘和姜放入一个平底锅中加热至温热，然后加热糖和焦糖。将冷的朗姆酒和水迅速倒入锅中，并且煮10分钟，然后冷却、过滤，倒入一个干净的瓶子里冷藏起来。

红石榴糖浆

用新鲜的石榴制作石榴糖浆不是太好，因为产品保质期非常短，并且颜色是褐色的。我的建议是：买好品牌的石榴汁，按1：1的比例与白糖混合。在中等功率设置下，用微波炉蒸发果汁，直到减少一半。停止加热并搅拌，以完全溶解糖。通过品尝和加糖，糖浆应该在甜度和酸度之间有很好的平衡。

覆盆子糖浆

750克新鲜覆盆子和糖浆慢炖20分钟。一旦冷却，过滤，倒入一个干净的瓶子里，在冰箱里储存。这里推荐真空低温烹饪的方法。

接骨木花糖浆

取100克新鲜的、干净的接骨木花头放入煮沸的1升水中，再放入有机青柠皮和500克糖。从炉盘中取出并在15克抗坏血酸中搅拌，以使糖浆持续更久。存储在阴凉的地方24小时，然后通过一些咖啡滤纸，倒入一个干净的瓶子里，并存储在冰箱里。

洋甘菊糖浆

在500毫升沸水中放入500克糖，直到糖溶解。添加3汤匙干洋甘菊花后，在没有煮沸情况下浸泡20分钟。过滤，倒入一个干净的瓶子里，并存储在冰箱里。这里再次推荐真空低温烹饪的方法，因为这种方法溶解较少的苦味物质。冷冻或快速浸泡法也很好。

薄荷糖浆

为了给冰镇薄荷酒一点刺激，我喜欢用一点淡淡的薄荷糖浆。深度冻结法：取一束新鲜的薄荷和1升糖浆，冷冻24小时，然后解冻和过滤。

正山小种红茶糖浆

放500克糖于500毫升水中煮沸，从炉盘中取出，拌入2汤匙正山小种红茶。浸泡10分钟，滤入干净的瓶子里，放入冰箱。糖浆也会产生一种精致的冰茶：做一些浓茶，加入糖浆、冰块、一点水、几片橙子和柠檬以及一些橙汁和柠檬汁。

青柠汁甜饮料

在煮好的1升糖浆中加入250毫升新鲜挤压的青柠汁和4个有机青柠皮并停留15分钟。冷却，过滤，倒入一个干净的瓶子里，并且存储在冰箱里。

麦芽啤酒糖浆

将500毫升无酒精的麦芽啤酒与500克轻质黑糖一起煮沸，文火慢炖直到液体减少约一半。

冰糖糖浆

在平底锅中以1∶1的比例加热冰糖和水，直到糖完全溶解。倒入干净的瓶子中并存储在冰箱里。我特别喜欢使用这种糖浆作为甜味剂，例如，在龙舌兰咖啡酒中（见163页）。

蜂蜜水

如果你想把饮料和蜂蜜混合在一起，这就是答案——它往往比糖浆给饮料带来更多的深度和质感，但是在冷的成分中很难溶解。

制备：将2份蜂蜜与1份热水一起搅拌，直至蜂蜜完全融化。即使你把混合物放进干净的瓶子存放在冰箱里，它仍然是液体的。

三倍糖浆

这同样是一个秘密武器，为饮品添加了更多的深度和复杂性。混合等份糖浆、蜂蜜水和龙舌兰糖浆，然后倒入一个干净的瓶子里。通常这一点足以使一杯酒被完美地喝掉。

栀子花酱

取相等比例的蜂蜜和黄油，在锅中加热蜂蜜使其溶解，再加入黄油，用搅拌器搅拌混合直到搅匀。倒入一个干净的带盖罐子并放入冰箱里储存。使用前在室温下稍微融化一下。

香料黄油

在加工食品时先研磨1餐匙可可粉、咖啡粉、肉桂粉和1个八角，再将3个丁香、2个豆蔻荚磨碎搅拌进100克软的黄油中。把混合物放在冰箱里一天，让它在室温下软化，然后通过细滤网过滤，再将生成的混合物放入冰箱。

粉末

这是一种干燥的成分，这种成分为地面细粉。按照以下方法：你可以制作粉末，如金巴利（Campari）粉末（见120页和146页）或修道院酒（Chartreuse）粉末（见130页）。将350毫升的酒液倒入塑料烘烤模具中，并让它在60~70℃脱水机中干燥1~2天（见12页）。液体和酒精将会蒸发并留下酒精味很明显的糖晶体。使用杵和臼去研磨晶体，存储在干燥容器中并置于阴凉的地方。你也可以在烤箱里做粉末，比如把烤箱门稍微打开点，干燥2~3天，使酒精蒸气散发。

芙蓉花糖

把一些干芙蓉花和一些精细的白糖放在电动食品加工机中搅拌几秒钟。其结果是浅粉红色的糖进行暗红色反应，形成芙蓉花香气极强的果香。

慕斯

你可以用任何你喜欢的液体制作泡沫，这些泡沫很有用，变幻出很多味道。所有你需要的是一个奶油虹吸管和1~2匙量的黄原胶或1~2匙量的鸡蛋白，制作出泡沫。 黄原胶是一个以植物为基础的海藻酸钠，常用来勾芡液体。如果你没有虹吸管，你也可以在碗里放入黄原胶击打液体。对于在虹吸管中已经制好的泡沫在使用前一定要摇匀。按照这种方法你可以选择任何的果汁进行制作，只是黄原胶的量可能略有增加。

甜橙奶泡

倒500毫升鲜橙汁通过茶过滤器，使果肉不堵塞虹吸管。 在食物处理器中用两勺黄原胶拍打果汁5秒钟，然后倒入奶油虹吸管中，插入1个氧化氮气弹，并存储在冰箱里。

金汤力泡沫

将100毫升金酒，150毫升汤力水，50毫升青柠汁，30毫升糖浆和两个鸡蛋白放入奶油出口吸管中。插入两个氧化氮气弹，并在使用前放进冰箱里。

香蕉朗姆酒

选择一个可以紧紧密封的容器，倒入1瓶陈年朗姆酒（700毫升），加50克香蕉片和30克椰蓉，然后在室温中浸渍2天。

打开，拉紧，并倒入干净的瓶子里。

黑刺李金酒

黑刺李金酒是通过用醇美可口的黑刺李和金酒调制成的。通过放入水果、草药或香料给冷液体调味的过程称为浸渍。黑刺李应在第一次霜冻后被采摘或应该在冰箱中冷冻1~2天。这些措施能降低水含量，并以类似的方式用于葡萄酒增加甜度。商业化生产的黑刺李杜松子酒添加了糖和色素，通过使用我的方法，你不需要任何糖就可以使饮料变甜。当然自然浸渍法的唯一缺点是，当暴露于光和氧时，黑刺李杜松子酒易氧化，导致其每周颜色变化，由生动的血红色变成棕红色。

制备：在一个干净的瓶子中填充$2/3$的黑刺李，你要么轻轻地按压要么用针刺黑刺李，并倒入一些优质的金酒，在阴凉处放置2~3周，从第二周开始检查和测试金酒。当已经达到所需的颜色和强度，金酒可以通过细筛过滤，倒入一个新的、无可挑剔的干净黑瓶子中，此时的香气将是充满酸性和果味的。

冰滴壶

冰滴壶是用于制作冷冲泡咖啡的日本咖啡器具（见12页），也可用于制作不含苦味物质的浓香酒精饮品，例如杜松子酒加入甘菊花、芙蓉花、荨麻等都需要过滤器来进行。 如果需要制作出700毫升的酒液，该过程需要约24小时。下面是我的荨麻冰滴方法（见132页），有一些简单的修改但也适用于其他成分。

荨麻冰滴

在冷滴壶的过滤池中加入干燥的荨麻叶。在过滤池中用沸水简单地加热叶子使得浸泡出漂亮的绿色，而不是棕色。倒入一瓶添加利10号金酒（700毫升）进入水箱，让它慢慢滴下。然后倒入一个干净的瓶子并存储在冰箱里。能够保持几个星期，但通过氧化和曝光，它会逐渐变成暗棕色。

甜菜根片冰滴

用干甜菜根芯片和金酒浸泡填充过滤池。你会在销售纯素产品的专卖店找到甜菜根干片。

芙蓉花冰滴

把干的芙蓉花和浸渍的金酒放在滤池中。

龙舌兰咖啡酒

放80克南美洲的阿拉比卡咖啡在冷滴壶的过滤器中。浸润龙舌兰酒，将瓶子剩余部分浸入水容器中。将滴水率设置成每两秒一滴。最后，加入20～40毫升的冰糖糖浆，使之变甜（见160页）。

基酒ABC

适合混合的酒精品牌有很多，你选择的产品取决于你自己的个人口味。因此，这个词汇表不是一个完整的概述，但作为补充章节"基酒"（见15～16页），是一种在本书中使用的含酒精饮料的建议名单。

苦艾酒（又译作"艾碧思"）

这种草药烈酒是用苦艾、大茴香和小茴香制成的。很长一段时间，它被怀疑导致幻觉，结果甚至被禁几十年。现在我们知道，没有人能够喝足够的量来检测到甚至最轻微的幻觉提示。无论是净饮还是混合饮用，我都很爱喝苦艾酒，如Duplais Verte，Blanche de Fougerolles或François Guy。

ALCHERMES

这是来自意大利的苦涩种类的利口酒，其酒中通常包含糖和香料，如肉桂和丁香，还有豆蔻、香草和玫瑰水，这使它拥有相当独特的甜味，金巴利开胃酒就属ALCHERMES。在意大利，ALCHERMES常用于制作甜点，如Zuppa Romana，有无数有趣的小生产者。胭脂红中最著名的深红色，原本用于为饮料上颜色，现在已经在很大程度上被人工色素所取代。我自己最喜欢的是路萨朵苦味酒。

亚玛·匹康

亚玛·匹康是一种由龙胆和金鸡纳树皮制成的法国苦味酒，已有200多年的历史。它具有16％的酒精含量和独特的橙味香气。在法国南部Picon bière不仅是夏天最好的福利，而且只需添加一点好的亚玛·匹康到冰冷的苦涩啤酒中，便可享受到夏日的热情。

苦味酒

最著名的苦味酒品牌是安格斯图拉，在19世纪50年代由德国博士约翰·戈特洛布·本杰明·施格特在特立尼达岛创建的，一种芳苦的类型，我的最爱之一。我自己的性感苦味酒和OK滴剂品牌站（见15页），提供了丰富的选择。无论哪个品牌，对有独特的橙味饮料，橙子的苦是至关重要的。随着时间的推移，你还应该接受一些其他的苦味，如柠檬、葡萄柚和芹菜。我推荐The Bitter Truth品牌。

布兰卡·门塔

意大利苦味酒，它的酒精含量为38％并有独特的薄荷特征。它由弗拉泰利·布兰卡（Fratelli Branca）酿酒厂生产，以传统方式浸泡，并且它的菲尔乃·布兰卡（Fernet Branca）更为著名。两种利口酒的不同只在于后来添加到布兰卡·门塔中的薄荷油和糖。

卡帕诺安蒂卡

这是根据1786年老卡帕诺家族食谱制

作的红葡萄酒的苦艾酒。对经典而言，这是我的绝对首选，如曼哈顿或马丁尼斯。其他红色苦艾酒也很有趣，当然，每个品牌带来了自己独特味道的特色饮品。

香博利口酒

这种法国的树莓和黑莓酒有16.5%的酒精含量，其特点是柑橘和香草的味道。

修道院酒（查特酒）

草本利口酒自1737年以来在法国的东南部格兰德查特修道院生产。因法国革命酒厂被赶出修道院，最终被国家征用。沉默的修道士保留了他们的生产配方，直到最终在紧挨老修道院的地点，再次生产这种由一百个草本制造的、奇妙的、醉人的利口酒。在那时只有两个修道士知道完整的生产过程，所以生产配方口头传递，代代相传。绿色修道院酒因其55%高酒精含量而臭名昭著，相比之下，黄色修道院酒更加和谐、柔软，木桶陈酿的V.E.P.品质，对于味觉是一种真正的享受。

亨瑞樱桃甜酒

这种丹麦的彼得·亨瑞（Peter Heering）樱桃酒是世界上最古老的品牌，因其特殊的品质而区别于其他品种。它有深红的颜色，并具有令人难以置信的水果香气。或者，你也可以使用任何其他好的深红樱桃利口酒。

法国阿玛罗

由金鸡纳树皮、草药和焦糖制作的，具有灿烂橙色的苦味利口酒。对于调制酒品而言，我推荐的品牌是Digallet。

姜汁酒

姜汁酒使用了几百年的生产技术，在生姜、香草、柠檬和糖的相互下，延长了白葡萄酒的保质期，生姜特征特别突出。石姜酒也是一种很好的品味变化的姜汁酒。

利莱酒

这是一种法国开胃酒，类似于苦艾酒。它以来自波尔多的葡萄酒为基酒，用精细的草药和柑橘味来加强和精制。其特点是由用来制作它的葡萄决定。你可以得到白色、玫瑰红色或红色的利莱酒。利莱白和利莱玫红也适合作为开胃酒，可净饮、加冰或加汤力水来饮用。在我的所有酒谱中，红色可以用来代替红色苦艾酒。

樱桃酒

路萨朵经典意大利樱桃酒（Luxardo Maraschino）是全球调酒师的第一选择：马拉斯卡的欧洲酸樱桃制成的清新樱桃利口酒，是许多饮品不可缺少的成分。即使最小量地使用一点儿樱桃酒，也是很奇妙的事情。根据我来自阿姆斯特丹的同事安德鲁·尼科尔斯的说法："它是调酒师的绝地武士，但你必须知道如何使用它。"

莫扎特利口酒

萨尔茨堡著名的莫扎特酿酒厂生产这种干可可粉或巧克力的蒸馏酒。有时可以从某些其他水果蒸馏酒中找到相似的替代品。

诺丽·普拉

一种以法国干白葡萄酒为基酒加入草药浸泡并存储在橡木桶中陈酿。历史可追溯到1857年的美国，有鸡尾酒的地方，就可以看到诺丽·普拉的踪影，在某些经典酒谱上，它是不可或缺的。

水果白兰地

即使是混合水果白地兰，其质量好坏的差异也尤其明显。任何曾经试过Hans Reisetbauer或Christoph Keller's白兰地的人不会再这么容易被吸引。好的白兰地闻不到酒精味，相当于是完全用水果蒸馏而成，因此是品质上好的烈酒。而水果白兰地，最初的产品是捣碎、发酵，然后蒸馏，这种低质量的蒸馏物产生的中性酒精的烈酒，只吸收水果味。

橙味库拉索酒

这是一种以橙皮为原料制作的利口酒，最好的选择是费兰德干橙皮利口酒。其他好质量的橙皮酒也包括：金万利（Grand Marnier）、君度香橙酒（Cointreau）或三干橙皮利口酒（Triple Sec）。

香橙花水

通过使用这种不含酒精的橙色精华，使饮品充满芳香。可从The Bitter Truth或一些超市里找到。

甜椒味利口酒

这种朗姆利口酒来自加勒比地区，有肉豆蔻、肉桂、丁香和特别多的香果味，通常使用在提基酒谱中。在The Bitter Truth，可提供非常好的甜椒味利口酒。

波特酒

这种来自葡萄牙的强化葡萄酒是在橡木桶中陈酿。普通的葡萄酒可在短期喝掉（红宝石色）并在一个大橡木桶短期存储后成为"黄褐色"。更好的葡萄酒在较小的桶中陈酿多年（Colheita，老黄褐色）或在瓶子里像LBV（晚装瓶葡萄酒）。特殊的葡萄酒比如年份波特酒，至少10年不会出售，它在瓶子里几十年后才能达到顶峰。

清酒

日本清酒既不是啤酒也不是葡萄酒。清酒是以大米与天然矿泉水为原料，加入曲和酒母酿造而成。在精细过滤后，如果没有添加其他的成分，清酒就被称为Junmai（只是大米）。如果添加一些酒精，清酒便被称为Honjozo。清酒的质量取决于米粒的抛光程度，因为外部包含许多浸润的味道、油和蛋白质。附加的Ginjo名称表示至少40％的稻谷预先抛光。Daiginjo清酒的数字是至少50％。好清酒应被冷藏在一个漂亮的白葡萄酒杯中，喝的温度不超过体温。沸腾热酒是不当的，它会使酒变甜，破坏所有的味道。

日本烧酒

在日本，烧酒作为日本酒会被当作清酒一起被人们提到，即使二者实际上完全不同：清酒像一种简单的白兰地酒，酒精含量约25％。它可以用如栗子中的任何含淀粉的原料生产。较便宜品种的烧酒通常用甜菜或红薯发酵后进行蒸馏。

添万利咖啡酒

如果你不喜欢做你自己的龙舌兰咖啡酒（见163页），这款产于牙买加的，以朗姆酒为基酒的咖啡利口酒，可以很容易地使用。

马达加斯加吉发得香甜酒

马达加斯加吉发得香甜酒是香草利口酒的一个很好选择，或者其他品牌也可以选择。

苦艾酒和开胃酒

我的推荐可以在相关的品牌中找到。所有苦艾酒、开胃酒一旦打开，应保存在阴凉避光的地方。所有这些饮品是以葡萄酒为基础的，由于酒精、树皮和草药的作用，酒的保质期更长。但一旦开瓶，酒容易变质。

伏特加

伏特加作为许多长饮的基酒是不可或缺的，如莫斯科骡子（Moscow Mule）。它一般是中性味道，是为那些只为喝酒而不考虑风味的人准备的。此外，它又是浸渍苦酒和制作糖浆的好基酒，它能保持良好的稳定性。

柚子清酒

柚子是来自日本的一种小而高度芳香的青柠品种。这种日本品种相当于意大利柠檬，不仅甜美，更芳香。

基酒类鸡尾酒

斜体的鸡尾酒作为配方描述包含在另一个配方中。

171

受大多数客人欢迎的鸡尾酒

172

斜体的鸡尾酒的配方描述包含在另一个配方中。

173

鸡尾酒用品供应商

　　本书中提到的酒吧用具和大部分的原料都可以从专卖店和库存充足的酒类零售商那里买到。如果你无意从本地购买的话，可以求助于在线供应商。以下是推荐的供应商网址：

酒吧用具
www.cocktailkingdom.com

咖啡，冰滴壶和附件
www.coffeehit.co.uk

鸡尾酒调酒壶
www.jr-shaker.com

苦艾酒，龙舌兰酵汁，烈酒
www.thewhiskyexchange.com
www.gerrys.uk.com

性感苦味酒，OK滴剂
www.lion-spirits.de

黄金摩纳哥特干汤力水和软饮
www.aquamonaco.com

日本清酒和日本原料
www.japan-gourmet.com

作者致谢

感谢列奥尼和我的家人，其中也包括我的团队成员：奥利弗·冯·卡纳普、马克西米利安·希尔德布兰特、克劳迪斯·克莱曼·布鲁雅克、罗比·弗雷克、珍妮·朗格、米尔科·赫克托尔、朱丽亚·内瑟、卫科德、阿里、安东·吴丁温、朱利安·瑟怀森、丹尼斯·理查德、克瑞斯拉·里德、梅西·麦瑟克林格、欧文·麦桑诺维克、亚尔拔·尼克哈茨、安盛·怀亲格、艾娜·奇尔·宋·洛特、威尔弗里德·舍比尼克、克里斯蒂安·考尔、吉根·威斯、朱莉安·科科夫、格孙利·格孙波恩特纳、杰安科·杰安保，以及所有支持过和将继续支持我的热心人。在此，也要特别感谢朱丽亚·奥特巴赫和我最亲密的朋友——阿明·斯麦罗威克对这本书的大力支持。

译者寄言

非常感谢有机会来翻译一本关于鸡尾酒的书，从事调酒的教学和实践工作二十多年了，随着年纪的增长，时间的推移，觉得自己的调酒知识也需要更新，翻译克劳斯·圣·莱纳的《鸡尾酒》对我来说也是一种学习的机会，另外之所以答应翻译也源于译者从事调酒行业25年，具有很好的工作经验，在翻译过程中也能找到共鸣，能感受到他不吝赐教地把自己的经验和技术在书中一一展示。本书中不仅有很多经典的鸡尾酒，还有很多创新鸡尾酒，更有很多调酒的秘密武器。本书文字生动简洁，图文并茂，肯定会是调酒爱好者的饕餮盛宴。期望本书不仅是调酒工作者必备工具书，也能给喜爱调酒或者很想从事调酒行业的亲们提供帮助，由于自己语言水平和知识及精力等方面的欠缺，书中难免会有差错，敬请读者们给予谅解。

另，在本书翻译过程中，得到了我的同事张顺元老师的大力支持，他精湛的英文水平给予了我很多在英文翻译方面的支持，也感谢昆明普寇酒吧的首席调酒师KEVIN，给了我很多现代调酒专业技术上的支持。同时也感谢在我翻译过程中给我提供各种帮助的好朋友和家人。

版权声明：

Cocktails The Art Of Mixing Perfect Drinks
Copyright © 2016 Dorling Kindersley Limited,

图书在版编目（CIP）数据

鸡尾酒——调酒的艺术／（德）克劳斯·圣·莱纳著；田芙蓉译.—
北京：中国轻工业出版社，2020.5
ISBN 978-7-5184-1406-2

Ⅰ.①鸡… Ⅱ.①克… ②田… Ⅲ.①鸡尾酒-调制技术 Ⅳ.①TS972.19

中国版本图书馆CIP数据核字（2017）第114372号

责任编辑：江 娟　　策划编辑：江 娟　　责任终审：唐是雯
封面设计：奇文云海　　版式设计：锋尚设计　　责任校对：燕 杰
责任监印：张 可

出版发行：中国轻工业出版社
　　　　　（北京东长安街6号，邮编：100740）
印　　刷：鸿博昊天科技有限公司
经　　销：各地新华书店
版　　次：2017年8月第1版
印　　次：2020年5月第1版第3次印刷
开　　本：720×1000 1/16　印张：11
字　　数：100千字
书　　号：ISBN 978-7-5184-1406-2
定　　价：88.00元
邮购电话：010-65241695
发行电话：010-85119835
传　　真：85113293
网　　址：http://www.chlip.com.cn
Email：club@chlip.com.cn
如发现图书残缺请与我社邮购联系调换
200415S1C103ZYW

作者与摄影师简介

克劳斯·圣·莱纳

克劳斯·圣·莱纳是德国最成功，也是最负盛名的调酒师。他从1986年开始从事饮食行业，曾经在名为"俄斯特·莱希瑟勒"的酒吧做了5年的服务生领班，之后又到了位于慕尼黑的颇具传奇色彩的"舒曼酒吧"待了7年。2010年他与蕾奥妮·冯·卡纳普合作，在慕尼黑艺术之家开设了黄金酒吧。2012年，他一举夺得了"调酒棒奖年度最佳调酒师"的称号，他的酒吧也于2013年获得"年度最佳酒吧"的荣誉。英国杂志《国际饮料》也把他的酒吧评为"世界50大酒吧之一"。克劳斯·圣·莱纳曾在很多国际调酒赛事中充当裁判，同时也在世界各地举办培训活动。此外，他不仅是慕尼黑酒吧圈（Barzirkel München）的创始人之一，也是调酒器制造商，并出售自己的苦味酒和汤力水。

阿明·斯麦罗威克

阿明·斯麦罗威克是德国最著名的肖像摄影师和摄影记者。自1995年以来，他一直作为德国和很多国际杂志的自由摄影师，赢得了多个奖项，其中不乏2010年度的"年度最佳报道"奖、2013年的"最佳人像摄影奖"和2014年的"汉塞尔·米斯奖"。自2010年以来，他一直是慕尼黑纪实摄影节"FotoDoks"的创始成员之一。他的足迹遍布慕尼黑和萨拉热窝。

译者简介

田芙蓉

田芙蓉是昆明学院旅游学院院长、教授；高级调酒师，从事调酒师培训及调酒、葡萄酒相关课程教学20余年；全国旅游高等院校、酒店餐饮行业调酒师大赛评委；国家级高级调酒师考评员；被媒体誉为"滇式鸡尾酒"创始人；美国饭店协会高级注册培训师（CHT）；拥有美国葡萄酒协会（ISA）葡萄酒专家证书及英国烈酒与葡萄酒协会高级品酒师（WSET3）证书。